● 作って覚える

# Fusion 360

## の一番わかりやすい本

[ BEGINNER'S GUIDE TO 3D MODELING IN FUSION 360 ]

堀尾 和彦 著 | KAZUHIKO HORIO

技術評論社

### ■ Fusion 360 の動作に必要なシステム構成

| | |
|---|---|
| オペレーティングシステム | Apple® macOS™ Sierra v10.12、Mac® OS® X v10.11.x (El Capitan)、Mac OS X v10.10.x (Yosemite) |
| | Microsoft® Windows® 7 SP1、Windows 8.1、Windows 10（64 ビット版のみ） |
| CPU の種類 | 64 ビットプロセッサ（32 ビットはサポートされていません） |
| メモリ | 3GB の RAM（4GB 以上を推奨） |
| グラフィックカード | 512MB 以上の GDDR RAM（Intel GMA X3100 を搭載しているカードを除く） |
| ディスクの空き容量 | 2.5GB |
| ポインティングデバイス | マイクロソフト社製マウスまたはその互換製品、Apple Mouse、Magic Mouse、MacBook Pro Trackpad |
| インターネット | ADSL 以上のインターネット接続速度 |

# はじめに

本書を手に取っていただいて、ありがとうございます。本書は、CAD を使ってみたいけれど、使い方がよくわからない人のために作りました。CAD は、図面を描くアプリケーションです。そして、3D-CAD は、立体のデータを作成するアプリケーションです。ほとんどのパソコンのアプリケーションと同じで、なにかすごいことができそうな気がしますが、実際に使ってみるとなにをしてよいのかわからない。そんなアプリケーションのひとつです。

本書で扱う Fusion 360 は、3D-CAD に分類されるアプリケーションです。造形や機械工作の経験や知識がなければ、具体的な活用方法は、まず思い付かないと思います。この本では、それらの知識がまったくない人が、日用工作を行う際に Fusion 360 を活用する場面を想定して操作方法を説明しています。控えめにいっても CAD や 3D-CAD は、独学での習得が困難だと思います。それを実現するために、著者が、Fusion 360 を使った際にわからなかったこと、困ったこと、悩んだことを操作の説明に活かしています。操作説明を丁寧に記載したことにより、あまり多くの形状のモデリングを紹介できませんでしたが、本書だけでも、日用工作で活用するためには十分な操作方法が学べる書籍に仕上がっていると考えています。

3D-CAD は、2D-CAD よりも「ある意味」かんたんです。2D-CAD は、図面を描くためのアプリケーションのため、立体を平面で表現する必要があります。そのための製図という技術、特に、立体を 3 面図で表すための規則を覚えたり、3 面図から立体を認識したりする感覚を得るために時間を使う必要があります。一方、3D-CAD では、立体をそのまま扱うため、3 面図から立体を認識する感覚を得るための訓練をする必要がありません。2D-CAD ほど細部にわたって描くことはできませんが、立体を表現する 3 面図も自動で作成することができます。さらに、3D-CAD では、かなり手間がかかる等角図や分解図も、モデリングした立体から自動で作成することができます。日用工作やハンドクラフトで作成した作品を紹介する資料を作成する際に活用できると思います。

本書が、あなたが 3D-CAD を学ぶ助けになることを願っています。

2017 年 11 月　堀尾和彦

# Contents

## 第 1 章　Fusion 360の基本操作

### 01 3D-CAD概論

### 02 Fusion 360の基礎知識

### 03 プロジェクト・フォルダ・ファイル

### 04 図形に関する基本操作

## 第 2 章　はじめてのモデリング

### 01 天板を作成する

第 **3** 章 **アセンブリ機能**

# 第 **4** 章　図面・部品欄・分解図の作成

# 第 **5** 章　棚（スパイスラック）のモデリング

# 第6章　棚（スパイスラック）のアセンブリ・木取図

## 第 7 章　壁掛け棚(ウォールシェルフ)

# 第 **8** 章 アルミフレームのモデリング

# 本書の構成

本書は Fusion 360 の操作をマスターすることを目的としています。Fusion 360 の基本的な使い方からじっくり解説を行い、実際に何種類ものモデリングを行いながら、操作を覚えていきます。図面の作成や印刷も解説しています。

**第1章**

3D-CAD における立体の生成方法と、第2章以降でモデリングを行っていくために必要な Fusion 360 の基本操作を解説します。

**第2章**

かんたんな部品を作成することで、モデリングの基本を学習します。ディスプレイテーブルを作成するために必要な部品のモデリングです。

**第3章**

第2章で作成した部品を組み立てるアセンブリを学習します。この章でディスプレイテーブルが完成します。

**第4章**

第3章で完成したディスプレイテーブルから図面を作成します。複数の種類の図面を扱います。

**第5章**

部品点数が多いスパイスラックを作成します。この章では、部品をモデリングしていく際に履歴機能を使います。

**第6章**

第5章で作成した部品をアセンブリすることでスパイスラックを作成します。また、木取図の作成方法も学習します。

**第7章**

スパイスラックの部品を利用して、別の立体（ウォールシェルフ）を作成します。部品の再利用を学習します。

**第8章**

木工以外のモデリングを行います。2D の CAD 図面を利用してアルミフレームをモデリングします。難易度が高い Fusion 360 の操作を学習します。

# DVD-ROMの使い方

## 注意事項

本書付属の DVD-ROM をお使いの前に、必ずこのページをお読みください。

本書付属の DVD-ROM は本書で解説を行った Fusion 360 のモデリングファイル、Fusion 360 を操作している動画が格納されています。DVD-ROM から直接利用することができますが、場合によっては DVD-ROM からでは利用できないことがあります。その場合、いったん DVD-ROM 内のデータを、ご自身のパソコンにコピーして、ご利用ください。ただし、DVD-ROM のすべてのデータは合計約 1.5GB ありますので、ご自身のパソコンの空き容量をチェックしてからコピーしてください。

## DVD-ROM の構成

本書付属の DVD-ROM は以下の構成になっています。

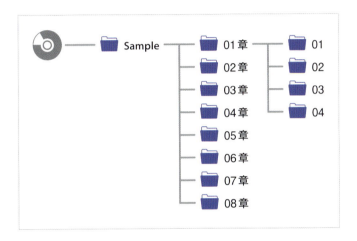

[Sample] フォルダの下に [01 章] から [08 章] までのフォルダがあり、各フォルダは名前のとおり、本文の各章に対応しています。

各章のフォルダの下には、上記の例のように [01] [02] [03] [04] などの番号名のフォルダがあります。この番号は、章の中の SECTION 番号に対応しています。

また、SECTION によっては、解説している操作が多岐に及んでいる場合、SECTION 番号フォルダの下に、サブフォルダが存在することもあります。

SECTION 番号フォルダの下には、
「**.f3z」、「**.f3d」などの Fusion 360 のファイル
「**.mp4」、「**.avi」などの操作動画ファイル
が格納されています。

## Fusion 360 のファイル

「**.f3z」、「**.f3d」などのファイルは、各章の各 SECTION にて解説した操作を施したファイルです。これらのファイルは、本書 P.24 の「ファイルのアップロード」を参考に、Fusion 360 のデータパネルにアップロードしてご利用ください。

なお、すべての章のすべての SECTION にサンプルファイルが存在するわけではありません。サンプルファイルがない SECTION もありますので、ご了承ください。

## 操作動画ファイル

「**.mp4」、「**.avi」などのファイルは、各章の各 SECTION にて解説した操作を動画キャプチャーソフトによって録画した動画ファイルです。Windows 10 上で動作する Fusion 360 の操作記録です。
これら操作動画ファイルは、完全に本書で解説した操作に一致するものではありません。あくまでも操作の参考のために収録しております。動画ファイルと本書の操作が異なることもありますが、ご了承ください。動画ファイルの再生には、お使いのパソコンにインストールされているソフトを利用ください。動画再生のためのソフトウェアは本書付属の DVD-ROM には収録しておりません。

なお、すべての章のすべての SECTION に動画ファイルが存在するわけではありません。動画ファイルがない SECTION もありますので、ご了承ください。

## 補足情報

本書の補足情報や付属 DVD-ROM に収録しているファイルのアップデート版などがある場合、次の URL にて情報を掲載します。
http://gihyo.jp/book/2017/978-4-7741-9398-4/support

Chapter **1**

# Fusion 360 の基本操作

# 01 3D-CAD概論

3D-CAD は独特な世界でもあり、使ったことがない人には聞いたこともない用語もあります。Fusion 360 を扱う前に、3D-CAD についての基本的な知識や用語について理解を深めましょう。

## ▶ 手軽に利用できる 3D-CAD

使い方がわからない、近い道がわからない状態で、購入するには 3D-CAD は高価です。そのため、最初に具体的な目的と 3D-CAD がどれだけ利益をもたらすかをはっきりさせておく必要があります。

ただし、個人で利用する場合、無料で利用できる 3D-CAD を選択できます。本書で扱う Fusion 360 だけでなく、いくつかの 3D-CAD が無料で利用できます。

高額な 3D-CAD のほうが使いやすく、できることが多いので、複雑なモデルも特に工夫せずにモデリングできますが、残念ながら個人で利用できる価格ではありません。

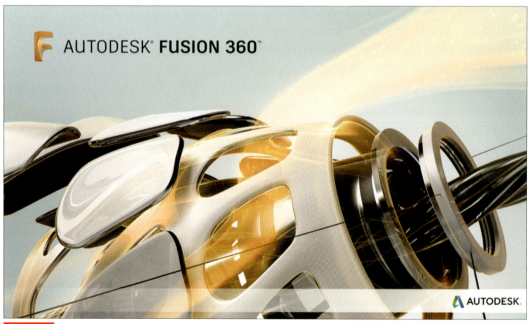

**図 01-01** Fusion 360 の起動画面

# ▶ 3D-CAD と 3D-CG

　3D-CAD は、3D 形状をデータとして表現するためのアプリケーションです。おそらく、科学技術計算を行うために、必要な 3D 形状のデータを作成するためのツールから派生したものと思われます。

　3D 形状データと科学技術計算は、飛行機や船舶の設計に使用される熱流体力学、さまざまな構造物の強度を計算する構造力学、レンズ設計やコンピューターグラフィックに使われる光の軌跡を計算するレイトレーシングなど、さまざまなところで利用されています。

　3D-CAD は、実際に実物の製品を作成することを目的にしています。そのため、正確な寸法値を指定し作成したモデルで、構造力学計算や熱流体力学計算などの科学技術計算を行い、素材の特性を調べることなどが意識されています。

**図 01-02** 　作成された 3D（壁掛け棚）

　一方、3D-CG は、形状を作成することを目的としています。芸術的な造形やゲームや映画などで利用される立体の作成に利用されます。形状の外観を本物のように表現するテクスチャや髪の毛、雲、水、泡などを表現するための機能は充実しており、3D-CAD では表現できない映像を作成することができます。

　どちらで作成したデータでも、NC 工作機や 3D プリンターで実際に出力することができます。そして、明確な区別もありません。用途の違いにより、機能の分化や進化の方向が異なっています。

　科学技術計算に使うための 3D データを作成するアプリケーションがまず存在し、その活用方法のひとつとして、3D-CAD が分化したと考えると違和感なく理解できます。

　実際に、2D-CAD から進化したと考えれば、2D-CAD 本来の機能である図面作成機能が充実しているはずですが、ほとんどの 3D-CAD において図面作成機能は貧弱といわざるを得ません。

# ▶ 立体の作成

　工業品の多くで使われる、直線や平面で構成された形状では、ソリッドモデリングを使ってモデリングすることが一番効率的です。一方、曲面で構成される形状を作成する場合、サーフェスモデリングかスカルプトモデリングを使用すると、より柔軟なモデリングが行えます。

　本書では、主に、ソリッドモデリングを使用してモデリングを行っています。

　コンピューター上で立体を作成する一般的な方法は、<mark>プロファイルと呼ばれる線や曲線でつながれた、閉じたスケッチで表される面を動かし、その軌跡を立体として定義</mark>します。

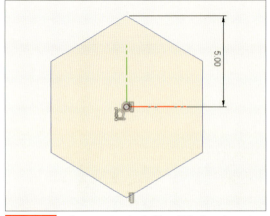

**図01-03** プロファイルと呼ばれる閉じたスケッチ

　Fusion 360 は、パラメトリック・モデリングと呼ばれる 3D-CAD です。パラメトリック・モデリングとは、各形状とその相対位置を定義するために、角度や長さなどの寸法値、拘束と呼ばれる相互の関係、拘束を定義する順序をそれぞれ利用し、最終的に立体を作成するモデリング方法です。

　そのため、<mark>点や線などの形状は、拘束と呼ばれる、点や線などの相対関係で位置関係を指定</mark>します。この方法で位置関係を指定することで、2D-CAD のような描画技術を覚えることなく、プロファイルを描くことができます。

　同じ立体を表現する方法ですが、人によって、2D-CAD による作図のほうが理解しやすい、あるいは 3D-CAD による作図のほうが理解しやすい場合もあります。2D-CAD による作図の方が理解しやすい方には、パラメトリック・モデリングの 3D-CAD ではなく、ダイレクト・モデリングの 3D-CAD のほうがしっくりくると思います。

立体を作成するには、プロファイルを移動させた軌跡を立体にする、あるいは複数のプロファイルをつなげた空間を立体にするという方法があります（**表01-01**）。

| 方法 | 内容 |
| --- | --- |
| 押し出し | プロファイルを法線（面に垂直な線）の方向に移動させた軌跡で立体を作成 |
| スイープ | プロファイルをパスに沿って移動させた軌跡を立体に作成 |
| 回転 | プロファイルを軸に沿って回転させた軌跡を立体に作成 |
| ロフト | 複数のプロファイルをつないで立体を作成 |

**表01-01** 立体を作成する方法

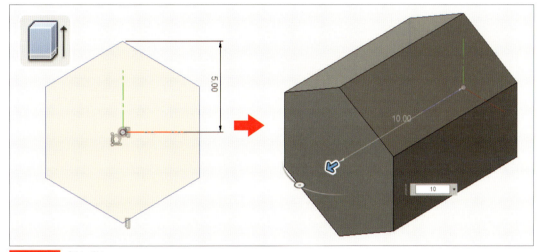

**図01-04** 押し出し

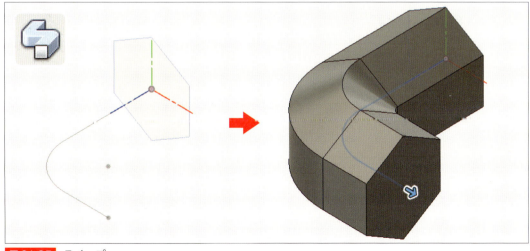

**図01-05** スイープ

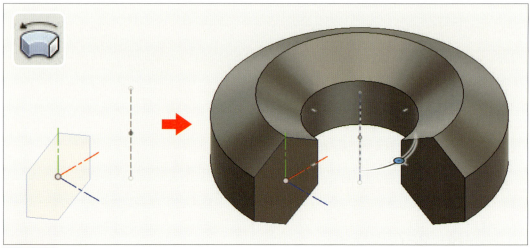

**図 01-06** 回転

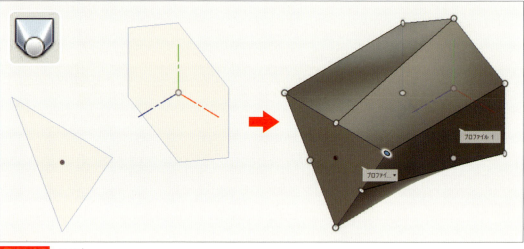

**図 01-07** ロフト

# SECTION
# 02
# Fusion 360の基礎知識

パソコンにインストールした Fusion 360 をすぐに使ってみたいところですが、立体を作成する前に、まずは Fusion 360 の操作画面について理解しましょう。

## ● Fusion 360 の画面

Fusion 360 を起動するために、デスクトップの「Autodesk Fusion 360」のアイコンをダブルクリックします（**図 02-01**）。あるいは、スタートメニューをクリックし、「Autodesk」フォルダにある「Autodesk Fusion 360」のアイコンをクリックします。Mac の場合、Launchpad の中から同じく「Autodesk Fusion 360」のアイコンをクリックします。

**図 02-01**

Autodesk Fusion 360 のアイコン

はじめて Fusion 360 を起動すると**図 02-02** のようになります。

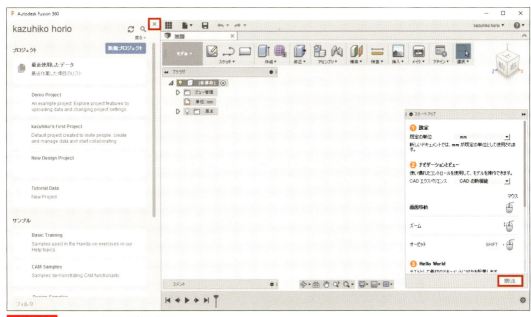

**図 02-02**　Fusion 360 の初期画面

最初に必要のないウィンドウを閉じてしまいましょう。**図02-03**の右下にある「スタートアップ」の「閉じる」をクリックし、続いて左にある「データパネルを閉じる」をクリックし、いずれのウィンドウも閉じます。

最初に、Fusion 360で作業する前に、ユーザーインターフェースの名称を覚えておきましょう。

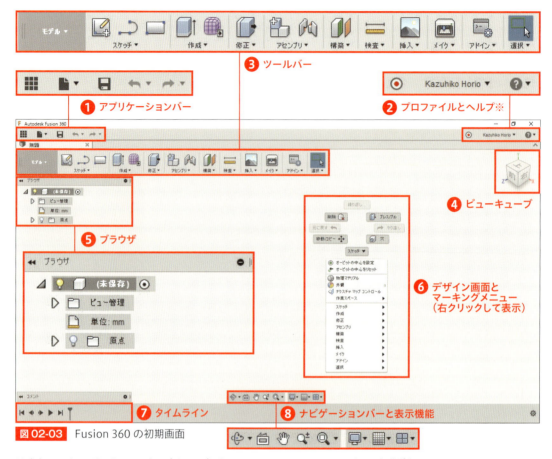

図 02-03　Fusion 360 の初期画面

※ 赤丸のアイコンはスクリーンキャプチャアプリケーションの Screencast Recorder の起動ボタン
https://knowledge.autodesk.com/ja/community/screencast

それぞれの機能については、実際に使う際に説明します。

## ▶ 作業スペース

Fusion 360では、ソリッド、サーフェス、スカルプトの3つのモデリング方法が利用できます。それぞれのモデリングには、扱えるツールなどが異なる「作業スペース」が別々に用意されています。なお本書では、ソリッドモデリングを扱います。

それぞれの作業スペースは次のとおりです。ソリッドは「モデル作業スペース」、サーフェスは「パッチ作業スペース」、スカルプトは「スカルプト作業スペース」になります。各作業スペースを選択すると、ツールバーの表示も変わります。

**図 02-04** モデル作業スペースのツールバー

**図 02-05** パッチ作業スペースのツールバー

**図 02-06** スカルプト作業スペースのツールバー

## ▶ 履歴機能

Fusion 360 は、パラメトリック方式の 3D-CAD です。このパラメトリックの機能と履歴機能を組み合わせて使用することで、作成したモデルのパラメータをあとから変更することができます。

履歴を使用して初期の手順の形状を変更した場合、それに従い以降の形状が変化します。履歴は適切に変更しないと、それ以降の操作と矛盾が発生しエラーになる、あるいは意図しない形状になります。しかし、変更を意識したモデリングを行った上で、履歴を使用すれば、よく似た形状の異なる寸法の立体を作成する際に、作業量を大幅に減らすことが可能です。

**図 02-07** 履歴を利用すると

**図 02-08** かんたんに、よく似た形状の異なる立体を作成できる

# 03

# プロジェクト・フォルダ・ファイル

Fusion 360 におけるファイルの取り扱いについて学習しましょう。プロジェクトやフォルダ、ファイルの作成方法、さらには付属の DVD-ROM からファイルをアップロードする方法も解説します。

## ● 新規プロジェクトの作成

　いきなりモデリングして立体を作成する前に、まずは Fusion 360 で自由に立体を動かすなどの基本操作を覚えましょう。

　図と説明だけでは実際の立体形状や操作を理解するのは難しいと思います。そこで、モデリングが完了した部品のデータを付属の DVD-ROM に収録してあります。では DVD-ROM から部品をコピーしましょうといいたいところですが、その前にやっておくことがあります。

　Fusion 360 では、作成した立体を管理するために、「プロジェクト」という単位を利用します。Fusion 360 をインストールして、Fusion 360 を起動した時点で、「※※ First Project」（※※はユーザー名）ができているのですが、あまりに味気ないプロジェクト名ですので、新規にプロジェクトを作成して、そのプロジェクトでこれ以降作成していく立体を管理していきましょう。

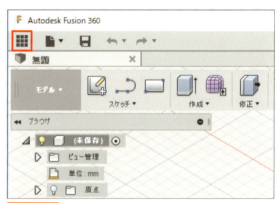

図 03-01　「データパネルを表示」をクリック

　「データパネルを表示」をクリックします（図 03-01）。

　データパネル（P.68 参照）が開くので、「新規プロジェクト」をクリックします（図 03-02）。

図 03-02　「新規プロジェクト」をクリック

データパネルに新規プロジェクトが作成されて、名前の入力が要求されます。ここでは、「Fusion 360 Book Project」とします（**図03-03**）。もちろん、ご自身で好きな名前を付けてかまいません。

ここで、1点注意が必要です。<mark>データパネルの操作では、文字を入力したあと、[Enter]キーで確定しないと入力が反映されない</mark>ので気を付けてください。

**図03-03** 新規プロジェクトの作成

## ● 新規フォルダの作成

直接、プロジェクトの直下に立体を作成してもよいですが、ここでは新規にフォルダを作成して、そのフォルダ内でモデルを管理しましょう。

データパネルにて作成した新規プロジェクトをダブルクリックします。すると、プロジェクトが開くので、「新規フォルダ」をクリックします（**図03-04**）。

**図03-04** 「新規フォルダ」をクリック

すると、プロジェクト内にフォルダアイコンが作成され、名前の入力が求められます。ここでは「木工品」という名前にします（**図03-05**）。

**図03-05** フォルダが作成された

さらに下位のフォルダを作成してみましょう。作成した「木工品」フォルダをダブルクリックして、フォルダを開きます。**図03-04** と同様に「新規フォルダ」をクリックして、「ディスプレイテーブル」フォルダを作成します（**図03-06**）。

このフォルダでは、第2章以降で作成するディスプレイテーブルに利用する立体を管理する予定です。

**図03-06** 「ディスプレイテーブル」フォルダが作成された

## ● ▶ ファイルのアップロード

Fusion 360 では、作成した立体や作成中のスケッチ、アセンブリした（部品を組み立てた）製品は、それぞれ1つのファイルとして管理されます。

ここでは立体の操作を覚えるために、付属のDVD-ROMからファイルをアップロードしてみましょう。

データパネルを開き、「木工品」フォルダの中に作成した「ディスプレイテーブル」フォルダをダブルクリックして開きます。次に、「アップロード」をクリックします（**図03-07**）。

**図03-07** 「アップロード」をクリック

「アップロード」ウィンドウが開くので、「ファイルを選択」をクリックします（**図03-08**）。

**図03-08** 「ファイルを選択」をクリック

ご自身のパソコンに付属の DVD-ROM を読み込ませておきます。「開く」ウィンドウで付属の
DVD-ROM の「01 章」フォルダ内の「03」フォルダにある「細軸コースレッド 35mm.f3d」を
指定して、「開く」をクリックします（**図 03-09**）。

**図 03-09**　「細軸コースレッド 35mm.f3d」を指定

　「アップロード」ウィンドウに切り替わるので、「位置」が「ディスプレイテーブル」フォルダに
なっていることを確認して、「アップロード」をクリックします（**図 03-10**）。

**図 03-10**　「アップロード」をクリック

「ジョブステータス」ウィンドウが表示されるので、「ステータス」が「完了」になったことを確認したら、「閉じる」をクリックします（**図03-11**）。

**図03-11** 「閉じる」をクリック

これでファイルが使えるようになりました。

SECTION

# 04 図形に関する基本操作

3Dで立体を作成するためには、自分が思ったとおりにデザイン画面の表示位置を移動させたり、角度を変えたりできないといけません。立体の作成の前に、まずは基本操作をマスターしましょう。

## ▶ グリッドの表示・非表示

　データパネルからアップロードした「コースレッド」をダブルクリックすると、ファイルが開き、コースレッドがデザイン画面に表示されます（**図04-01**）。

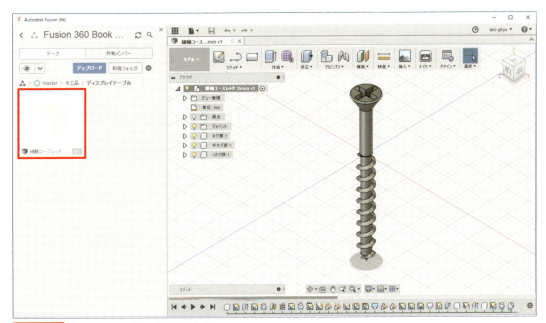

**図04-01** 「コースレッド」が表示された

　また、データパネルは通常閉じておくと、デザイン画面が広く使えて便利です。「データパネルを非表示」をクリックして（**図04-02**）、データパネルは必要に応じて表示するようにしましょう。

**図04-02** データパネルを閉じる

　デザイン画面でグレーの線がマス目上に引かれています。これがグリッドになります。グリッドの表示・非表示は、ウィンドウの中央下にあるグリッドの表示の制御に関するアイコンによって操作します（**図04-03**）。「レイアウト　グリッド」のチェックのオンオフによって、表示・非表示が切り替わります。

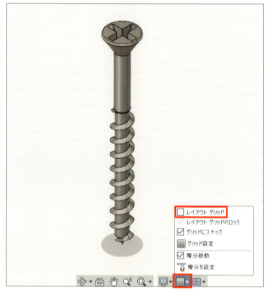

**図04-03** グリッドの表示・非表示

## ▶ ブラウザ

　作図やモデリングにおいて、原点は重要です。原点を基準に位置を決めているためです。通常2D-CADでは、図枠の左下を原点に設定しますが、Fusion 360を含む3D-CADでは、モデル内の基準となる位置が原点になるようにモデリングします。

　また、3D-CADにおいては、原点はX軸・Y軸・Z軸の交点になります。

　ここでブラウザ（P.20参照）の「原点」の左横にある ▷ をクリックしてみましょう。すると、「原点」に含まれる要素が展開されます（**図04-04**）。

**図 04-04** 表示された「原点」の中の要素

　機能によっては、面や軸を指定する際、ブラウザ上の「原点」に含まれる要素で、指定できるものもあります。

　デザイン画面の左に表示されているブラウザは立体やスケッチの表示・非表示を管理しています。**図 04-05** の左を見るとブラウザの「原点」の電球アイコンが消灯（グレーの状態）しています。この電球アイコンが、表示・非表示の目印です。原点の電球アイコンをクリックして点灯（黄色の状態）させます。すると、今まで表示されていなかった原点が表示されます（**図 04-05** の右）。

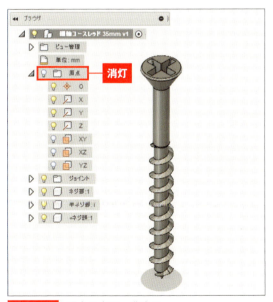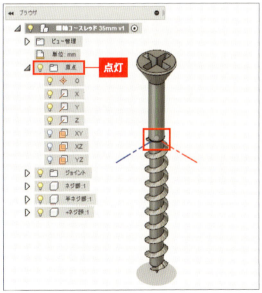

**図 04-05** 原点の表示・非表示

ブラウザ内の「X」「Y」「Z」の電球ア
イコンは、それぞれ X 軸（赤線）、Y 軸
（緑線）、Z 軸（青線）の表示・表示を管
理しています。電球アイコンを消灯させ
ると、X 軸、Y 軸、Z 軸が非表示になり
ます（**図 04-06**）。

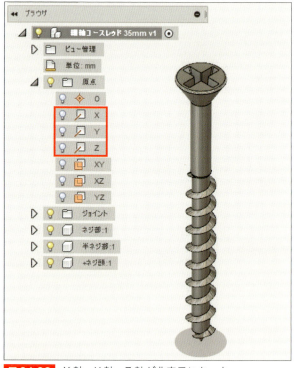

**図 04-06** X 軸、Y 軸、Z 軸が非表示になった

続いて、ブラウザにある「XY」「XZ」
「YZ」の電球アイコンです。これは基準
平面の表示・非表示を管理します。

第 1 章 Sec.01（P.16 参照）で解説し
たように、ソリッドモデリングでは、平
面に直線や曲線などをスケッチとして描
きます。そのあと、閉じたスケッチ（プ
ロファイル）を押し出すなどして立体化
します。

そのため、どの平面にスケッチを描い
ているのか明らかになるよう、この電球
アイコンを利用しましょう。ためしに、
「XY」の電球アイコンをクリックして点
灯させます（**図 04-07**）。

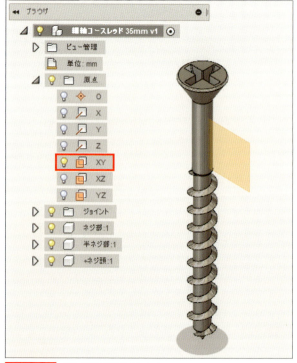

**図 04-07** XY 平面が表示された

なお、基準平面を表示しておくと、モデリングの邪魔になることが多いので、必要がない場合、非表示にしておきましょう。

ブラウザを見ると、「ネジ部」「半ネジ部」「ネジ頭」とありますが、これがコースレッドを構成する部品（コンポーネント）です。これらの電球アイコンを消灯状態にすると、その部分が非表示になります（**図 04-08**）。なお、「ジョイント」は各部品の接合部分のことです。

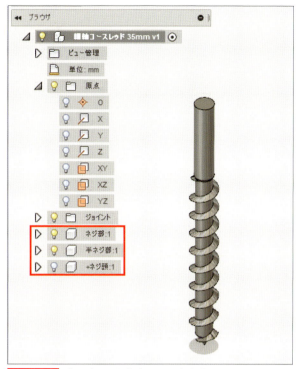

**図 04-08** 「ネジ頭」を非表示にした状態

## ● 表示倍率の変更

スケッチや立体の表示倍率を変更してみましょう。一番かんたんなのは、マウスのホイールを回転させることです。ホイールを手前側に回転すると拡大し、奥側に回転させると縮小します。

マウスにホイールがない場合、ウィンドウの中央下にある「ズーム」をクリックします。すると、マウスカーソルが上下の矢印に変わるので、その状態で上下にドラッグすると拡大・縮小します（**図 04-09**）。

なお、マウスカーソルを通常の状態に戻す場合、[Esc] キーを押します。

「ズーム」の右隣にあるボタンの ▼ をクリックすると「ウィンドウズーム」と「フィット」が表示されます。

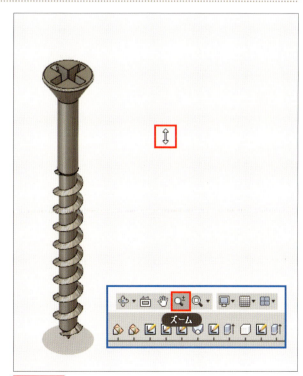

**図 04-09** 「ズーム」をクリックして拡大・縮小

「ウィンドウズーム」を選択すると、マウスカーソルに虫眼鏡のアイコンが表示されます。この状態で、拡大したい部分をドラッグすると、その部分が拡大されます（**図04-10**）。

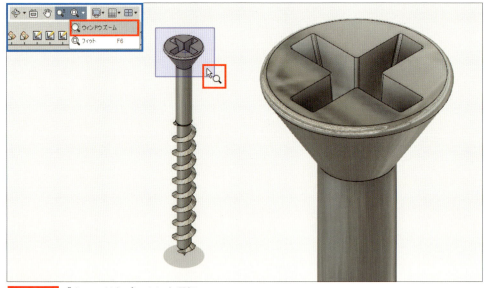

**図04-10**　「ウィンドウズーム」を選択

「フィット」を選択すると、<mark>デザイン画面に対してぴったりのサイズに表示倍率が変更</mark>されます（**図04-11**）。拡大し過ぎたり、逆に縮小し過ぎたりした場合、また次に解説する「移動」で画面の表示位置を動かしてどこを表示しているかわからなくなった場合など、<mark>「フィット」をクリックすると、適切な表示倍率で中央に表示位置がすぐさま戻る</mark>ので非常に便利です。

**図04-11**　「フィット」を選択

## ▶ 移動・回転

デザイン画面の<mark>表示位置を変更する場合、マウスのホイールを押したまま、ドラッグ</mark>します。モデルが、画面上を並行移動します。この操作を「パン（pan）」と呼びます。ホイールがない場合、ウィンドウの中央下にある「画面移動」を選択し、マウスカーソルに移動のアイコンが表示されます。この状態でドラッグすると、表示する位置を変更できます（**図04-12**）。マウスカーソルに移動のアイコンが表示された状態を解消する場合、Escキーを押します。

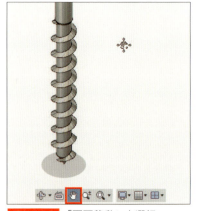

**図04-12**　「画面移動」を選択

移動ではなく、デザイン画面の表示の向きを変更したい場合、Shift キーとマウスのホイールを押したまま、ドラッグします。

ホイールがない場合、ウィンドウの中央下にある「オービット」の ▾ をクリックして「自由オービット」を選択します。マウスカーソルに自由オービットのアイコンが表示されます。この状態でドラッグすると、360 度向きを自由に変更させることができます（**図04-13**）。マウスカーソルに自由オービットのアイコンが表示された状態を解消する場合、Esc キーを押します。

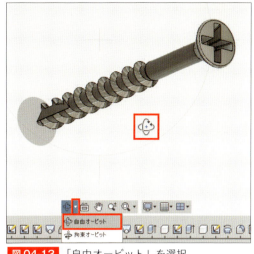

図 04-13　「自由オービット」を選択

## ▶ ビューキューブ

デザイン画面の右上に表示されているサイコロのようなアイコンがビューキューブです。これを使っても向きを変更させることができます。

ビューキューブには、基準軸が表示されており、X 軸が赤、Y 軸が緑、Z 軸が青となっています（**図04-14**）。

図 04-14　ビューキューブ

ビューキューブは、ドラッグしても、角や稜線や面をクリックしても向きを変更することができます（**図04-15**）。そして、平面を選択している状態でビューキューブにカーソルを重ねたときにビューキューブの右上に表示される曲がった矢印をクリックすると立体を回転させることができます。

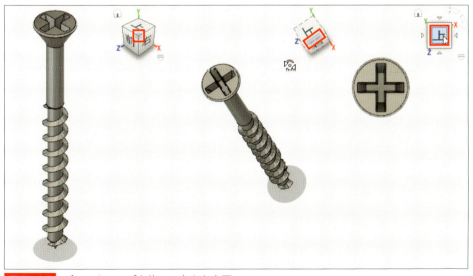

図 04-15　ビューキューブを使って向きを変更

また、ビューキューブにマウスカーソルを近付けると表示される家の形をしたホームアイコンをクリックすると、デザイン画面の表示位置と向きとモデルの大きさを元に戻すことができます（**図 04-16**）。

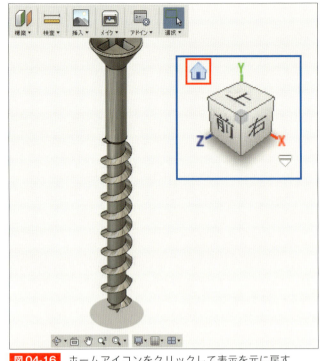

**図 04-16**　ホームアイコンをクリックして表示を元に戻す

## ● Fusion 360 の終了

　ここで利用したコースレッドは閉じておきましょう。ファイルを閉じる場合、ファイル名が表示されているタブにある×をクリックします（**図 04-17**）。ファイルに更新があるとタブのファイル名の末尾に＊マークが表示されます。**図 04-17** で＊マークが表示されているのは、原点の表示・非表示を操作したことによります。

**図 04-17**　ファイルを閉じる

「変更を保存しますか？」と聞かれたら、保存する場合「保存」を「保存しない」場合は「保存しない」をそれぞれ選択します（**図 04-18**）。ここでは、「保存しない」を選択します。

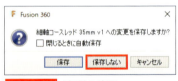

**図 04-18**　変更の確認

　Fusion 360 を終了するには、右上端の×をクリックします（**図 04-19**）。

**図 04-19**　Fusion 360 を終了する

Chapter **2**

はじめてのモデリング

# SECTION 01

# 天板を作成する

いよいよモデリングを行っていきましょう。最初に平面にスケッチを作成して、それを押し出して立体にします。第2章では、ディスプレイテーブルの部品を順番に作成していきます。

## ▶ プリミティブとプロファイル

では、実際に Fusion 360 で立体を作成してみましょう。本書では、モデル作業スペースで、ソリッドモデリングを主に使用していきます。

Fusion 360 を起動して、左上の表示で「モデル」を選択すると、**図01-01** の作業スペースになります。選択するモデルによって、ツールバーの表示が変化します。

**図01-01** モデル作業スペース

ソリッドモデリングで立体を作成するには2つの方法があります。プリミティブと呼ばれる基本図形を組み合わせて作成する方法と、スケッチを描いてプロファイルを作成し、そのプロファイルを押し出して立体を作成する方法の2つです。後者のプロファイルを押し出して作成する方法は、自由度が高いため、使われる頻度が多くなります。

最初は、イメージをつかんでもらうため、2つの異なる方法で同じ立体を作成しようと思います。

最初にプリミティブで作成する方法を、Sec.04（P.57）ではプロファイルを押し出して作成する方法を、それぞれ解説します。

## ▶ プリミティブで立体を作成

では最初に、プリミティブを使用して立体を作成します。ここで作成するのは、第3章で完成するディスプレイテーブルの天板部分です。

3D空間に直接立体を描く場合、どこに描いているかわからなくなることがあります。その際、位置を確認しやすくするための表示に、<mark>基準軸とグリッド</mark>があります。グリッドは、XZ平面に描かれる方眼です。

なお、設定によっては、グリッドにスナップ（位置を選択するための支援機能、詳しくはP.48参照）を発生させ、グリッドを使ってスケッチや立体の寸法を指定することができます。グリッドは、モデルが見づらくなる場合もあるのですが、XZ平面にスケッチを作成したり、配置したりする際、便利なので、ここではグリッドを表示しておきます（P.28参照）。

また、モデルの方向を確認しやすいように、ブラウザを利用して（P.29参照）、基準軸（X, Y, Z）を表示し、基準平面（XY, XZ, YZ）は非表示にします（**図01-02**）。

ツールバーの「作成」をクリックすると、プリミティブ用のコマンドは、ドロップダウンの中ほどに表示されます（**図01-03**）。今回は「直方体」を選択します。

使用する平面をクリックして設定します（**図01-04**）。原点付近でカーソルを動かすと、平面を示す青色のひし形が表示されるので、希望する平面が表示されたところでクリックして設定します。ブラウザの「原点」の ◢ をクリックして表示されるリストから平面を選択することもできます。

**図01-02** 原点と基準軸を表示

**図01-03** プリミティブコマンドで「直方体」を選択

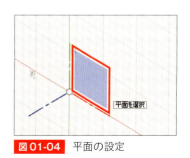

**図01-04** 平面の設定

続いて、マウスに「最初のコーナーを配置」と表示されるので、デザイン画面上で、原点をクリックします（**図01-05**）。

**図01-05** 原点をクリック

そのあと、そのままカーソルを動かすと、指定した平面上に長方形が描かれます。X軸方向にカーソルを動かして適当な位置でクリックします（**図01-06**）。ここで使用している「直方体」コマンドは最初にクリックした点と次にクリックした点の対角で構成される長方形を描きます。

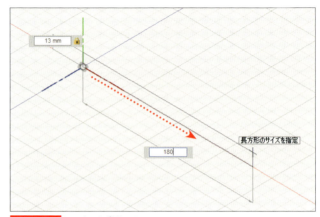

**図01-06** 長方形が描かれる

クリックすると、長方形が確定され、「直方体」ウィンドウが表示されます。ここでは、長さ、幅、高さを**表01-01**のように指定します（**図01-07**）。最後に「OK」をクリックすると、立体化されます。デザイン画面に対して、直方体が大きく表示されるので、「フィット」をクリックして適切なサイズで表示させてください（P.32参照）。

| 項目 | 値（mm） |
| --- | --- |
| 長さ | 180.00 |
| 幅 | 13.00 |
| 高さ | 500.00 |

**表01-01** 「直方体」ウィンドウに入力するパラメータ

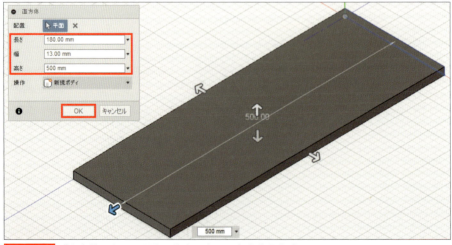

**図01-07** 「直方体」ウィンドウに値を入力して立方体を作成

## ▶ マテリアル

続いて、「修正」をクリックして表示されるメニューから「物理マテリアル」を選択します（**図01-08**）。

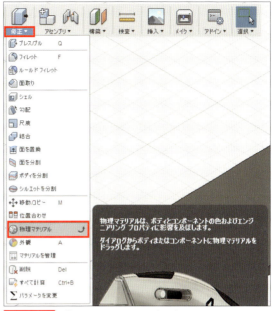

図 01-08 「物理マテリアル」を選択

「物理マテリアル」ウィンドウが表示されるので、ライブラリから、「木材」のフォルダをクリックして展開し（**図01-09**）、木材のマテリアルを表示させます。

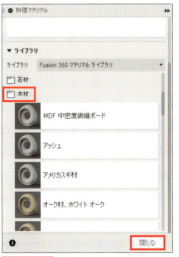

図 01-09 「木材」をクリック

表示されたマテリアルの中から、「マツ材」を探して、それを「ボディ」にドラッグ＆ドロップします（**図01-10**）。するとモデルにマテリアルが適用されます（**図01-11**）。マテリアルが適用されたことを確認したら、「閉じる」をクリックして、「物理マテリアル」ウィンドウを閉じておきましょう。

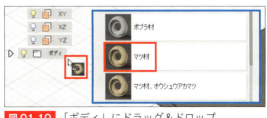

図 01-10 「ボディ」にドラッグ＆ドロップ

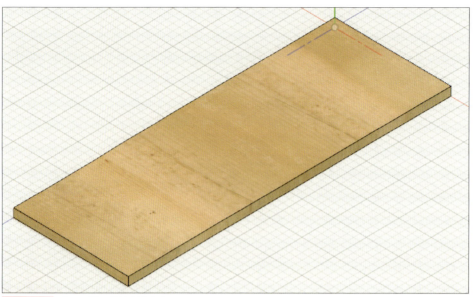

**図01-11** 「マツ材」が適用された

　なお、直接デザイン画面の立体にマテリアルをドラッグ＆ドロップしても、マテリアルが適用されます。ただし、複数の形状から構成される立体の場合、形状ごとにマテリアルが指定されます。

　一方、ブラウザの「ボディ」にドラッグ＆ドロップすると、そのボディに含まれるものすべてに同じマテリアルが適用されます。

　**図01-11**では「マツ材」に設定された外観が適用されていますが、物理マテリアルを使わずに、ユーザーが外観を指定することもできます。その場合、「修正」をクリックして「外観」から指定します（**図01-12**）。

**図01-12** 「外観」を選択

　ところで、「物理マテリアル」はどこで設定されているでしょうか？「修正」をクリックして表示されるメニューから「マテリアルを管理」を選択してみます（**図01-13**）。

**図01-13** 「マテリアルを管理」を選択

すると「マテリアルブラウザ」が表示されます（**図01-14**）。「マテリアルブラウザ」にマテリアルの名前や密度などの「材質」や「外観」などが設定されています。あらかじめ用意されているマテリアルでは不十分な場合、自分でマテリアルを追加できます。

今回はあらかじめ設定されている物理マテリアルを使用するので、「マテリアルブラウザ」は使用しません。閉じておきましょう。

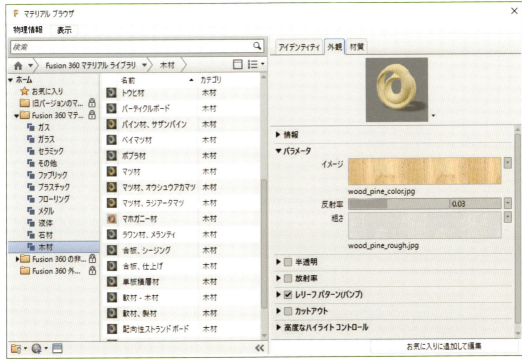

**図01-14** 「マテリアルブラウザ」

## ● レンダリング

木目の向きは変更することができます。設定した「マツ材」の木目の向きを変更してみましょう。「モデル」をクリックして表示されるメニューから「レンダリング」を選択し（**図01-15**）、作業スペースを変更します。

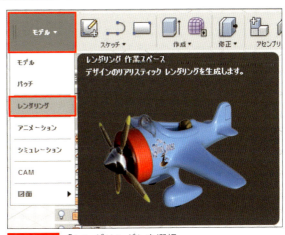

**図01-15** 「レンダリング」を選択

ツールバーが変化するので、「テクスチャ
マップコントロール」を選択します（**図01-16**）。

**図01-16** 「テクスチャマップコントロール」を選択

「テクスチャマップコントロール」ウィンドウ
が表示されるので、最初に、ブラウザで「ボ
ディ」をクリックし、続いて「投影タイプ」に
「直方体」を選択します（**図01-17**）。

**図01-17** 「直方体」を選択

　すると、「テクスチャマップコントロール」ウィンドウが広がり、パラメータの入力枠が現れま
す。また、モデルには操作ハンドルが表示されます。矢印ハンドルをドラッグすると、木目の位置
を変更できます。周囲にある○ハンドルをドラッグすると木目の向きを変更できます。利用したい
木目が表示できたら、最後に「OK」を押して、ウィンドウを閉じます（**図01-18**）。

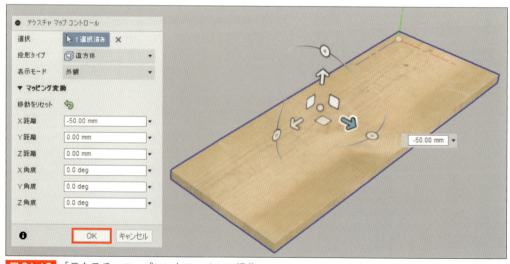

**図01-18** 「テクスチャマップコントロール」の操作

## ● ファイルの保存

ファイルを保存する前に、ブラウザの表示・非表示設定を
きちんと設定しているか確認しましょう。

このファイルのデザインを別のファイルで利用する場合、
基準軸、基準面を含む原点やスケッチの表示・非表示が、こ
のファイルを参照する別のファイルからは変更できないため
です。変更するには、このファイルを開き、表示・非表示を
変更したあと、保存する必要があります。

**図01-19**

ブラウザの電球アイコンを消灯状態
にする

ブラウザの原点の電球アイコンをクリックして非表示にす
ることで、基準面と基準軸を非表示にします（**図01-19**）。
原点の電球アイコンを消灯状態にすると、その中の項目は電
球アイコンが点灯していても非表示になります。

「保存」をクリックしモデルを保存します（**図01-20**）。

**図01-20** 「保存」をクリック

初回の保存の際は、名前と保存場所を指定する必要があります。第1章 Sec.03 で解説したフォ
ルダ（P.23参照）に、ファイル名を天板として保存します（**図01-21**）。保存後、モデリングの
画面を閉じる場合、ツールバーの上に表示されているファイル名の右横の×を左クリックします。

**図01-21** 名前を付けて保存

**図 01-22** 完成した立体

# SECTION 02 側板を作成する

Sec.01ではディスプレイテーブルの天板を作成しましたが、今回は側板を作成してみましょう。天板とは異なり、複雑な形の板を作成してみます。

## ● プロファイルで立体を作成

　プリミティブの形状そのままでは表現できない形状はどうやって作成するのでしょうか？　では、プリミティブの形状から少し複雑な立体を作成します。

「ファイル」をクリックして表示されるメニューから「新規デザイン」を選択し（**図02-01**）、新しいファイルを作成します。なお、すべてのデザイン（ファイル）を閉じると、「無題」のデザインが開かれている状態になるので、それを利用しても問題ありません。

**図02-01**
「新規デザイン」をクリック

（P.29参照）　天板の作成時と同じように、グリッドを表示し、原点の電球アイコンをクリックして点灯状態にした上で、基準平面を非表示に、原点と基準軸だけを表示にします。

　ツールバーの「作成」から「直方体」を選択し、スケッチする平面を選択します（**図02-02**）。

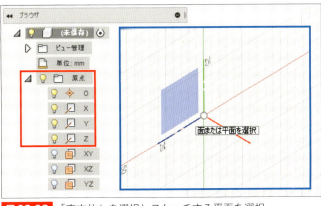

**図02-02**　「直方体」を選択しスケッチする平面を選択

Chapter
2
はじめてのモデリング

天板を作成した際と同様に、原点を選択してマウスを移動させ、描きたい長方形の対角をクリックします。

　これで長方形が描かれますが、==入力ボックスにフォーカスがあるとき、キーボードから直接値を入力することで、直方体のサイズを指定することができます==。値を入力後、Tab キーを押してほかの入力ボックスにフォーカスを移動させ、次の値が入力できます。入力が完了したら、Enter キーで入力を確定します（**図02-03**）。

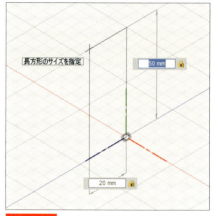

**図02-03**　スケッチの途中で値を入力

　また、マウス操作で適当な大きさの長方形を描いたあと、表示される「直方体」ウィンドウで直方体のサイズを指定することもできます。「直方体」ウィンドウが表示されない場合、小さくたたまれている可能性があるので、デザイン画面をよく見まわしてください。「直方体」ウィンドウに**表02-01**のとおりに値を入力すると、**図02-04**の直方体が作成されます。

| 項目 | 値（mm） |
|---|---|
| 長さ | 20.00 |
| 幅 | 50.00 |
| 高さ | 180.00 |

**表02-01**　入力する寸法

　なお、スケッチで正しく長方形を描いたあと、「直方体」ウィンドウあるいは、操作ハンドルで、「高さ」の指定を忘れずに行ってください。

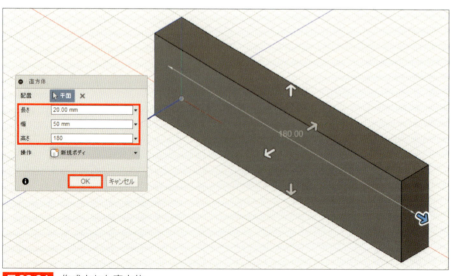

**図02-04**　作成された直方体

Chapter
**2**
はじめてのモデリング

##  切り取り

続いて、作成した立体の面の一部を切り取ってみましょう。

最初に立体の向きを変えましょう。P.33 で解説したように、[Shift] キーを押しつつ、マウスホイールを押しながらドラッグしても立体を回転することができます。ここでは、ビューキューブの角をクリックして、モデルを回転します（**図 02-05**）。

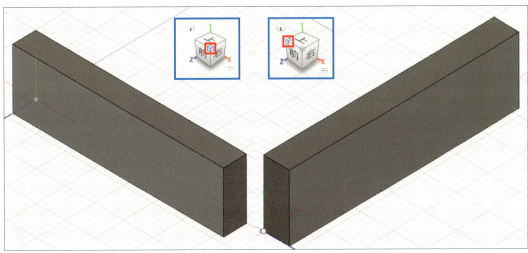

**図 02-05** ビューキューブの角をクリックしてモデルの向きを変更

直方体の形状で切り取るので、ツールバーの「作成」をクリックして表示されるメニューから「直方体」を選択します。ここでカーソルをモデルに近付けると「平面を選択」と表示されるので、切り取る平面をクリックして選択します（**図 02-06**）。

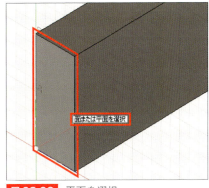

**図 02-06** 平面を選択

続いて、「最初のコーナーを配置」と表示されるので、**図 02-07** のとおり、切り取る角にカーソルを近付けてクリックします。

**図 02-07** 最初のコーナーを配置

このように、角など、カーソルを近付けると○や□などの記号が表示される位置があります。**図02-07**のように記号が表示される位置は、立体の角など、スケッチやモデリングにおいて、重要な位置になります。そして、そのような位置では、その位置を選択しやすくするため、支援機能「スナップ」が機能します。スナップが機能することで記号が表示されたのです。

スナップが機能する位置では、スケッチやモデリングにおいて、さまざまな操作を行うことができます。

次に「長方形のサイズを指定」と表示されるので、カーソルを左下に移動します。すると数値の入力を促されるので切り取る面のサイズを**図02-08**のように入力します。

**図02-08** 切り取る面のサイズを数値で入力

[Enter]キーを押すと、「直方体」ウィンドウが表示されます。今回は直方体を作成するのではなく、切り取ります。操作ハンドルをドラッグして、切り取る方向に長方形を移動すると「操作」が「切り取り」に変化します。切り取る領域は、赤で示されます。

すでに存在する立体と重なる方向に立体を作成すると「操作」は、自動で、「切り取り」に変化します。「切り取り」以外の操作をする場合、手動で切り替える必要があります。切り取る「高さ」も数値で入力できます。

また、表示されたハンドルをドラッグして、切り取る「高さ」を指定することもできます（**図02-09**）。ここでは、ドラッグして切り取ってみましょう。

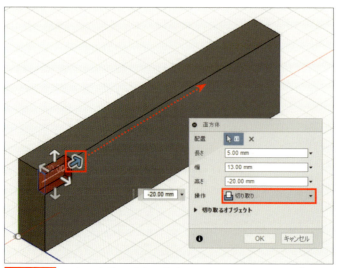

**図02-09** 既存の立体と重なる方向に長方形を移動すると「操作」が「切り取り」に変化する

青いハンドルを切り取る反対の面までドラッグします（**図 02-10**）。

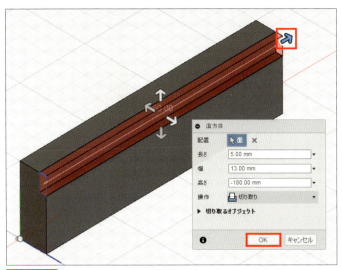

**図 02-10** 切り取る形状が指定できた

「直方体」ウィンドウで「OK」をクリックすると、切り取る形状が確定し、これで側板が完成となります（**図 02-11**）。

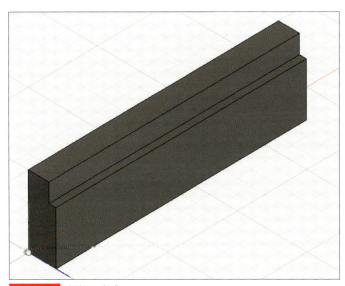

**図 02-11** 側板の完成

# 03
# コースレッドの位置を
# スケッチで描く

作成した部品は第3章でアセンブリという機能でディスプレイテーブルとして組み立てます。組み立てには木ネジを使いますが、ここでは事前に木ネジの位置を設定しておきましょう。

## ▶ 1つ目の位置の決定

　第3章で説明するアセンブリ機能で、コースレッド（木ネジの一種）を使って部品を組み立てます。そこでコースレッドで固定する位置を示す場所をスケッチで描きます。

　立体を回転させて**図03-01**の向きにします。**図03-01**に示すビューキューブの角をクリックするとかんたんです。もちろん Shift キーを押しながら、マウスのホイールを押したまま、ドラッグしても向きを変更することができます（P.33 参照）。

　**図03-01**で青色になっている面をクリックして選択します。

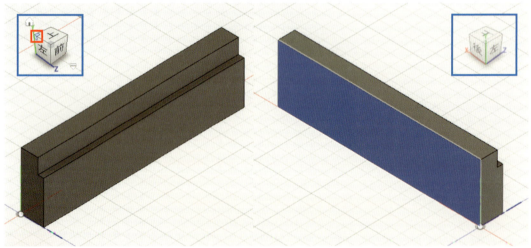

**図03-01**　立体を回転

　ツールバーから「スケッチを作成」を選択します（**図03-02**）。

**図03-02**　「スケッチを作成」を選択

Chapter
**2**

はじめてのモデリング

すると、選択した面が、真正面の向きに移動します（**図03-03**）。

また、デザイン画面の右にスケッチパレット（**図03-04**）が表示されます。

スケッチ平面が真正面に向く

なお、スケッチの状態でも、Shift キーとマウスのホイールを押しながらマウスを動かすことで、回転させることができます。回転させて、形状を確認したあと、再度スケッチ平面を真正面に向けるには、2つの方法があります。

1つ目の方法はスケッチパレットの「ビュー正面」をクリックします（**図03-04**）。

図03-04 ビュー正面をクリック

2つ目の方法は、ナビゲーションバーのビュー正面をクリックしたあと❶、ブラウザで、正面に向けるスケッチを選択します❷（**図03-05**）。

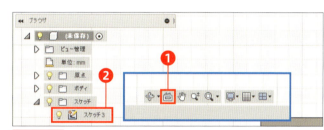

図03-05 正面に向けるスケッチを選択

ツールバー「スケッチ」をクリックして表示されるメニューから「点」を選択します（**図03-06**）。

図03-06 「点」を選択

コースレッドで固定する位置をおおよそクリックして指定します（**図03-07**）。

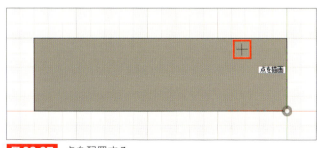

図03-07 点を配置する

Chapter
2
はじめてのモデリング

続いて、「スケッチ」をクリックして表示されるメニューから「スケッチ寸法」を選択します（**図03-08**）。

なお、「スケッチ寸法」はショートカットキーに Ⓓ キーが設定されています。

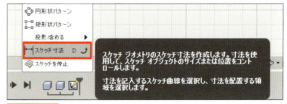

**図03-08** 「スケッチ寸法」を選択

「点」の位置を正確に指定します。基準となる点をクリックします。ここでは面の右角を指定します。続いて、さきほど指定した「点」をクリックします（**図03-09**）。

**図03-09** 点をクリック

カーソルを移動すると、寸法拘束と呼ばれる寸法値が表示された線が表示されるので、そのままカーソルを移動させ、**図03-10** の位置に移動させます。

**図03-10** 寸法拘束を移動

マウスをクリックする、あるいは Enter キーを押すと、数値を入力できる状態になるので（**図03-11**）、基準の点からの長さ（X軸）を入力し（ここでは30.00mm）、Enter キーを押します。

**図03-11** 数値を入力

続いて、基準からの長さ（Y軸）を指定します。そのまま、面の右上角をクリックして基準にし、次にスケッチした点をクリックします。数値が表示された線が表示されるので、そのままマウスを移動させ**図03-12** の位置に移動させます。

**図03-12** 寸法拘束を移動

数値をクリックする、あるいは Enter キーを押すと、数値を入力できる状態になるので（**図03-13**）、基準の点からの長さ（Y軸）を入力し（ここでは6.50mm）、Enter キーを押します。

**図03-13** 数値を入力

## ⦿ 標準線と補助線

ツールバーの「スケッチ」から「線分」を選択します（**図03-14**）。

**図03-14** 「線分」を選択

「最初の点を配置」と表示されるので、カーソルをスケッチの上部の面に重ねて、△記号が表示されるところでクリックします（**図03-15**）。

この△は、中点を表す記号です。これらスケッチ上に表示される記号を総称としてグリフと呼びます。

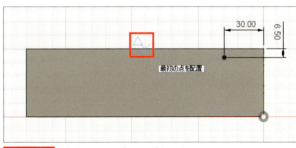

**図03-15** 中点を示すグリフが表示される

続いて「次の点を指定」と表示されるので、**図03-16**のように△記号が表示されるところをクリックして指定します。描かれた線の横に、中点を表す△記号が表示されます。

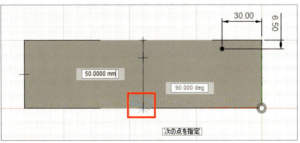

**図03-16** 次の点を指定

続いてツールバーから「選択」をク
リックします（**図 03-17**）。

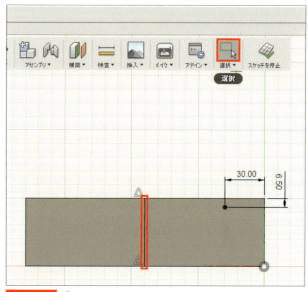

**図 03-17** 「選択」をクリック

次にさきほど描いた線を選択し、続
いて右クリックします。表示されたメ
ニューから、「標準 / コンストラク
ション」を選択し（**図 03-18**）、作
図線（作図ための補助線）に変更しま
す。なお、作図線への変更にはショー
トカットキーに Ⓧ キーが設定されて
います。

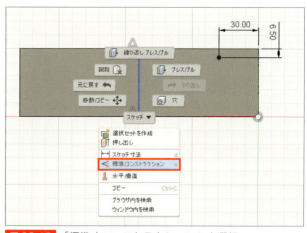

**図 03-18** 「標準 / コンストラクション」を選択

作図線に変更すると、プロファイルに影響しない、作図のための補助線を描くことができます。

補助線の扱いで注意する点としては、補助線の端部にスナップが発生することと、標準線（プロ
ファイルを作成する線）で利用できるすべての機能が使えるわけではないことの 2 点です。

なお、Fusion 360 では補助線をコンストラクションラインと呼ぶこともあります。**図 03-18**
のメニューにある「標準 / コンストラクション」によって、スケッチ上の線を標準線と補助線に切
り替えることができます。

## ● ミラー機能でコピー

ツールバーの「スケッチ」をクリックして表示されるメニューから「ミラー」を選択します（**図03-19**）。

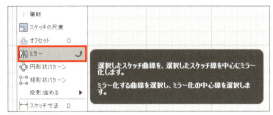

**図03-19** 「ミラー」を選択

「ミラー」ウィンドウが開くので、「オブジェクト」にコースレッドを配置する位置に指定した点を選択します**❶**。続いて、ウィンドウの「ミラー中心線」の右にある「選択」をクリックして**❷**、さきほど作成した補助線をクリックして選択します**❸**（**図03-20**）。「OK」をクリックして**❹**「ミラー」ウィンドウを閉じます。これでコースレッドの位置を示す2つ目のスケッチが、ミラー機能でコピーすることで、作成されました。

なお、「ミラー中心線」には、基準軸（X軸、Y軸、Z軸）は、使用することができません。

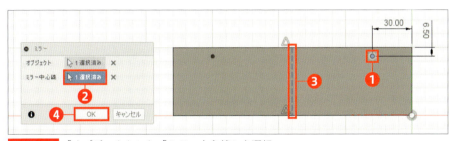

**図03-20** 「オブジェクト」と「ミラー中心線」を選択

最後に、ツールバーの右端の「スケッチを停止」を選択します（**図03-21**）。

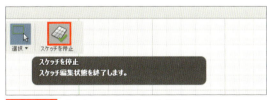

**図03-21** 「スケッチを停止」を選択

天板を作成したのと同じように（P.39参照）、物理マテリアルにて「マツ材」を指定します（**図03-22**）。

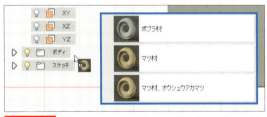

**図03-22** 物理マテリアルウィンドウから「マツ材」を「ボディ」にドラッグ＆ドロップ

また、P.41 で解説した方法で、木目の向きを**図 03-23** のように、長い方向に平行になるように変更します。そして、原点を非表示にします。

**図 03-23** 木目の向きを調整して原点を非表示に

最後に、ファイルに名前（「側板プリミティブ」）を付けて保存します（**図 03-24**）。

**図 03-24** 名前を付けて保存

# SECTION 04 プロファイルをスケッチし 押し出す方法で作成する

ここでは、第2章のSec.02・03で作成した側板と同じものを別の方法で作成してみましょう。今回は、スケッチからプロファイルを作成して、それを押し出すことで立体化を行います。

## ▶ スケッチの作成

「ファイル」をクリックして表示されるメニューから「新規デザイン」を選択します（**図04-01**）。なお、すべてのデザイン（ファイル）を閉じると、「無題」のデザインが開かれている状態になるので、それを利用しても問題ありません。

図 04-01 「新規デザイン」を選択

「原点」の電球アイコンをクリックして黄色の状態にして基準軸を表示に、基準平面は非表示にします（**図04-02**）。また、グリッドは非表示にしておきます（P.28参照）。

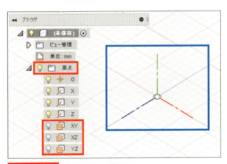

図 04-02 基準軸の表示

ツールバーから「線分」を選択します（**図04-03**）。なお、コマンドは、ツールバーだけでなく、右クリックして表示されるマーキングメニューからも選択できます。

図 04-03 「線分」を選択

続いて、スケッチ平面を選択します（**図04-04**）。

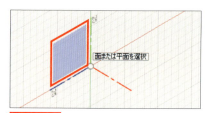

**図04-04**　平面を選択

スケッチを作成しながら、「線分」ツールの操作をマスターしましょう。

「最初の点を配置」と表示されるので、原点をクリックして選択します。続いて、線を引きたい方にドラッグし❶、クリックせずに原点からの距離を入力（ここでは20mm）します❷（**図04-05**）。角度も入力できますが、ここでは**図04-05**のとおり、水平180度にしましょう。

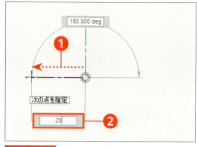

**図04-05**　ドラッグして線を引き距離を入力

==この状態で Enter キーを押すと、線は描かれ、寸法値を示す寸法拘束が追加==されます。そして、「線分」ツールは終了します（**図04-06**）。

点や線などの相対関係で位置関係を指定するために、寸法や拘束記号が利用されます。この追加された寸法を==寸法拘束==と呼びます。今回追加された寸法拘束によって、最初に指定した点（今回は原点）からの距離（寸法）で位置関係を指定されました。

**図04-06**　線が描かれ寸法が追加された

「線分」ツールは終了していますので、再度「スケッチ」から「線分」を選択し、原点からY軸方向に線を描きます。同じようにキーボードから寸法を入力します（ここでは50mm）。今度は、==Shift キーを押しながら Enter キー押します==。すると線は引かれて寸法が追加され、「次の点を指定」と表示され、線の終点から連続して線が描ける状態になります（**図04-07**）。

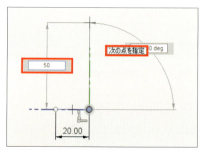

**図04-07**　Shift キーを押しながら Enter キーで確定すると寸法が追加され次の線分を指定できる

この状態では、丸で囲まれたチェックアイコンが表示されます。カーソルを重ねると緑色に変化しますが、その状態でアイコンをクリックすると、「線分」ツールが終了します（**図04-08**）。また、右クリックして表示されたメニューから「OK」をクリックすることでも、「線分」ツールを終了することができます（**図04-09**）。

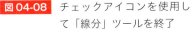

図 04-08 　チェックアイコンを使用して「線分」ツールを終了

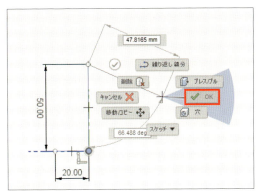

図 04-09 　右クリックしてマーキングメニューから終了

　いったん「線分」ツールを終了させてください。次に、表示された寸法拘束をスケッチの邪魔にならない位置に移動させましょう。寸法拘束はドラッグするだけでかんたんに移動させることができます。

　再度、「線分」ツールを選択し、さきほど終了した点から、スケッチを再開します。

　次は、マウスクリックで、線分を指定してみてください。すると、寸法が追加されません（**図 04-10**）。数値を入力せずにマウスのクリックだけで連続して線分を描いていく場合、寸法拘束は追加されないのです。

図 04-10 　マウスクリックで線分を確定すると寸法は追加されない

　線分や円弧を使用して、領域を囲むこととプロファイルが完成します。そのため領域を囲むために、最終的にすでに存在する線まで、線を描いていくことになります。

　なお、存在する線と直角に線を描きたい場合は、まずは描きたい線の到達点にマウスカーソルを重ねます。重ねたあと、マウスカーソルを逆方向に動かすと、作図補助機能により、水色の点線が表示されます（**図 04-11**）。この点線を利用すると、すでに存在する線と直角になる線をかんたんに描くことができます。

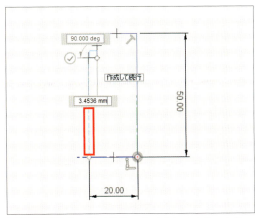

図 04-11 　作図補助機能で表示される水色の点線

領域が囲まれると、囲まれた領域に色が付きます（**図04-12**）。「線分」ツールは機能したままですので、Escキーをクリックして、「線分」ツールを終了します。

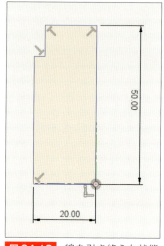

**図04-12** 線を引き終えた状態

なお、直線の終端の指定によって挙動が異なります。その違いを**表04-01**に示します。

| 指定方法 | 内容 |
|---|---|
| マウスでクリックしチェックアイコンをクリック | 直線のみが描かれ「直線」ツールが終了 |
| マウスでクリックしEnterキーで確定 | 直線と一緒に寸法が追加され、「直線」ツールが終了 |
| マウスでクリック | 直線のみが描かれ「直線」ツールは継続 |
| マウスでクリックしShift+Enterキーで確定 | 直線と一緒に寸法が追加され、「直線」ツールは継続 |

**表04-01** 直線の終端の指定による挙動の違い

## ● プロファイル

この線で囲まれた平面をプロファイルと呼びます。

プロファイルが完成すると、領域は色が変わります。また、原点を除く角に表示されているグリフを「直角拘束」と呼びます。また、原点の位置に表示されているグリフを「一致拘束」と呼びます（**図04-13**）。

パラメトリックモデリングでは、スケッチで使用する、直線や円や円弧の位置関係は、それぞれの相対関係により管理されています。この相対関係を示している記号が拘束記号です。そして、相対関係のひとつ、線と線が直角に交わっていることを指定するのが、「直角拘束」です。

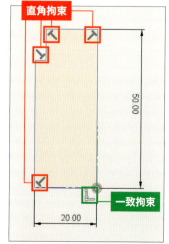

**図04-13** マウスを近付けると直角拘束と一致拘束が表示される

続いて、直角拘束を示すグリフを、Ctrl キーを押しながらすべて選択し、Del キーを押して削除しましょう。

続いて、「スケッチパレット」から「水平／垂直」を選択します（**図 04-14**）。パレットは、最小化表示やドッキングが可能です。「スケッチパレット」が、縦に閉じている場合＜＜をクリックし、横に閉じている場合は、白抜きの＋マークをクリックして開いてください。

図 04-14　スケッチパレット

各辺をクリックして水平／垂直拘束を指定していきます。線が短くて、角をクリックしそうになりスナップの機能が働いて（P.48 参照）、○が表示されるようならば、マウスのホイールを回して表示倍率を拡大して対応してください。すべての辺に水平／垂直拘束を指定したのち、Esc キーを押して「水平／垂直拘束」ツールを解除します（**図 04-15**）。

直角拘束を削除して、水平／垂直拘束に指定し直した理由を説明します。

マウスで、線分がつながった連続線を描くと、直角部分に直角拘束が自動的に追加されます。直角拘束は、拘束が不足していると、寸法を変更した場合、スケッチが崩れることがあります。

図 04-15　水平／垂直拘束を指定する

それを避けるために、直角拘束の代わりに水平・垂直部分を設定しました。ただし、直角拘束を残しておくと、過剰拘束（拘束が余分に設定されること）になってしまいます。そのため、直角拘束を削除し、あらためて水平／垂直拘束を設定しています。

水平／垂直拘束は、寸法を変更しても、スケッチを描き直す必要があるほど、スケッチが崩れることが起きにくくなります。また、<mark>最初の線や円などの形状を描いた際に寸法を指定しておく</mark>ことも大切です。

次に、ツールバーの「スケッチ」をクリックし「スケッチ寸法」を選択するか（**図 04-16**）、あるいは、キーボードから、D キーを押します（ショートカットキー）。

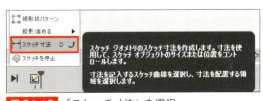

図 04-16　「スケッチ寸法」を選択

なお、ショートカットキーで「スケッチ寸法」ツールを起動すると、寸法を指定したあとも「スケッチ寸法」ツールが有効な状態のままです。ほかのツールを選択したり（次に使うツールがない場合「選択」をクリックする）、Esc キーを押したりして、「スケッチ寸法」ツールを終了させてください。

各辺をクリックして選択し、そのまま寸法を表示したい場所までドラッグします。数値を入力することができるようになるので、**図04-17** に表示されている値のとおりに指定します。これでスケッチの完成です。

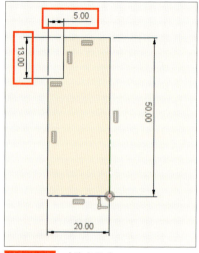

**図04-17** 寸法を入力

メニューの右端にある「スケッチを停止」を選択し、スケッチを終了します（**図04-18**）。

**図04-18** 「スケッチを停止」を選択

ビューキューブのホームボタンを押して、向きを変えます（**図04-19**）。

**図04-19** ビューキューブのホームボタン

## ● 押し出し

プロファイルが完成したので、立体化します。ツールバー「作成」から「押し出し」を選択します（**図04-20**）。

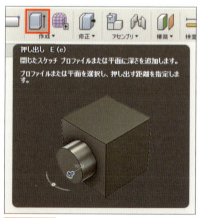

**図04-20** 「押し出し」を選択

押し出す面をクリックして選択します（**図04-21**）。

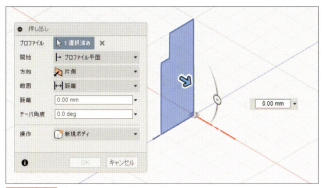

**図04-21** 押し出す面をクリックして選択

「押し出し」ウィンドウで「距離」を指定します（ここでは180mm）。指定が完了したら、「OK」
をクリックして「押し出し」ウィンドウ終了します（**図04-22**）。これで立体が作成されました。

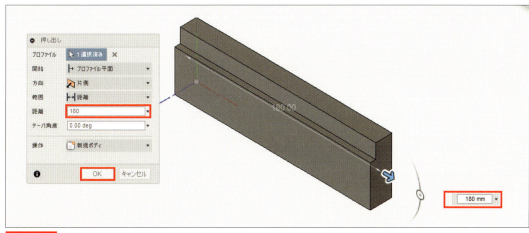

**図04-22** 距離を指定

　あとは、P.50と同様に、コースレッドの位置をスケッチで描きます。そのあと、P.39と同様に、
物理マテリアルを指定すれば完成です。ブラウザの原点を非表示にし、コースレッドの位置のス
ケッチを表示しておきます（**図04-23**）。

　設定が完了したら、P.56で作成した側板とは別の名前（「側板スケッチ押し出し」）を付けて保存
しておきましょう。

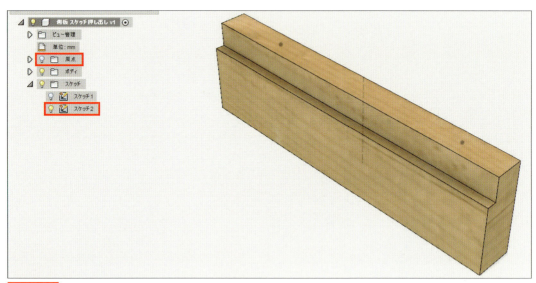

**図04-23** ブラウザの表示設定を変更

Chapter **3**

## アセンブリ機能

# SECTION 01 データパネル

第3章では作成したコンポーネントを組み立てる、アセンブリを行います。アセンブリを行う前に、データパネルについての理解を深めておきましょう。

## ▶ ディスプレイテーブルを 3D-CAD で作成

モデリングした（立体化した）コンポーネントをパソコンの中で組み立てる操作をアセンブリと呼びます。この機能を使用することで、複数のコンポーネントを組み立てることができます。

アセンブリ機能が貧弱な 3D-CAD では、1つのデザインファイルの中に複数の部品をモデリングしてしまうことで、アセンブリ機能を代用する場合があります。

しかし、コンポーネントを別々のデザインファイルとして管理すると、そのコンポーネントの流用がかんたんになります。また図面を作成した際に、コンポーネントの一覧表を容易に作成できる利点があります。

第3章では、Fusion 360 のアセンブリを使用して、作成したコンポーネントを組み立てて、ディスプレイテーブルを作成します（**図 01-01**）。

**図 01-01** ディスプレイテーブル完成図

今回作成しているディスプレイテーブルは、パソコンのディスプレイを載せる台で、キーボードをディスプレイの下に格納できるようになっています。もちろん、お使いのキーボードの高さによっては、作品の寸法を変更する必要があります。

（縦書き）
Chapter 3 アセンブリ機能

なお、同種の製品は、卓上台、モニター台、液晶モニター台として販売されています。

コンポーネントは、木材が 3 点、細軸のコースレッド（木ネジ）が 4 本、接着剤として、木工用ボンドを想定しています。

コースレッド（木ネジ）は、公開されているモデリングデータが見つかりませんでした。そのため、あらかじめ著者がモデリングを行い、モデリングデータを DVD-ROM に収録しています。それを利用してアセンブリしようと思います。

コースレッドはモデリングするのが少し面倒です。Fusion 360 の操作に慣れないうちに、手順の多いモデリング方法を紹介するのは適切ではないと判断しました。

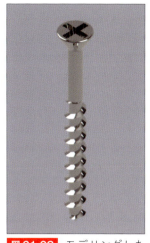

**図 01-02** モデリングしたコースレッド

市販品のモデリングデータが公開されており、部品として使用できる場合、それを利用するのは賢明な方法です。

しかし、業務でモデリングしていないのであれば、モデリングを純粋に楽しむのも、Fusion 360 の楽しみ方のひとつです。複雑でどうやってモデリングしたらよいかわからない形状を、パズルを解くように、いろいろ試行錯誤してモデリングするのは、とても楽しく魅力的なことです。

ただし、3D-CAD 活用の本質は、複雑な形状をモデリングすることではありません。また、複雑な形状は加工も複雑になるので、好まれません。

3D-CAD の本質は、コンピューター内で、すでにモデリング済みの機械要素や既成部品のモデリングデータを配置するだけで、デザインの検証、構造力学計算、機構解析ができるところにあります。機械要素や既成部品を配置するフレームのみモデリングし、モデリング済みの部品を配置すれば、目的とするモデルのアセンブリが完成するところが、ひとつの到達点です。

そのため、有償の 3D-CAD の世界は、ソフトウェアメーカーが、動作や機能の検証を行う目的も含めて、数多くの部品をモデリングし、ライブラリとして、利用者に公開しています。

Fusion 360 を無料で利用する場合、機械要素や既成部品に関して、利用できるモデリングデータがほとんどありません。部品の販売業者やメーカーが、STEP や IGES などの共通ファイル形式でデータを公開している場合がありますが、多くはユーザー登録が必要で、企業ユーザーが対象になり、個人では利用できない場合がほとんどです。

そして、モデリングデータが手に入らない場合、自分でモデリングする必要があります。

## ▶ データパネル

　すでにコンポーネントは作成してあるので、コンポーネントをアセンブリしディスプレイテーブルを作成する準備が整っています。ただし、ちょっとその前にデータパネルについて、理解しておきましょう。

　データパネルは作成したモデルを管理する場所で、第1章 Sec.03「プロジェクト・フォルダ・ファイル」（P.22 参照）で利用しています。

　データパネルを開くには、「データパネルを表示」をクリックします（**図 01-03**）。

図 01-03　「データパネルを表示」をクリック

　Fusion 360 はクラウドを利用した 3D-CAD ソフトウェアです。Fusion 360 の開発元 Autodesk 社は A360 というクラウドサービスを運営しています。そして、Fusion 360 は、ファイル管理などに A360 の利用が前提となっています。

図 01-04　データパネルを表示したところ

　このデータパネルは、A360 に直結しているインターフェースになります。そのため、Fusion 360 の利用の際、データのインポートや保存は、データパネル経由で A360 上にて行います。上部の ◀ をクリックすると、トップページに移動します（**図 01-04**）。

　トップページに移動しました（**図 01-05**）。それぞれの項目は、フォルダになっていて、モデリングデータや画像データを格納することができます。

　通常は、「※※ First Project」（※※はユーザー名）の中にデータを保存しておけばよいと思います。その中にフォルダも作成できますし、ファイルの移動も可能です。

　なんらかの目的で、モデルや図面、画像データをたくさん作成したり、ほかの人とデータを共有したりする場合、「新規プロジェクト」をクリックして、新しいプロジェクトを作成します。

　本書では、第1章 Sec.03 の P.23 にて、「木工品」フォルダ→「ディスプレイテーブル」フォルダを作成

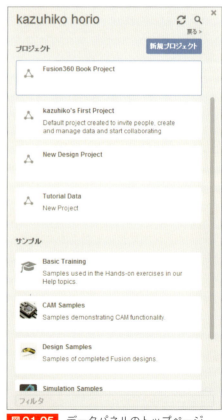

図 01-05　データパネルのトップページ

Chapter
**3**
アセンブリ機能

して、その中に天板と側板を作成しました。

　データが増えてきたら、データを探しやすくするためにフォルダを新規に作成してファイルを分けて保存するとよいでしょう。

　自分のパソコンにあるデータを Fusion 360 で使用するためには、データパネルを使用して、A360 クラウドにデータをアップロードする必要があります（**図 01-06**）。

　また、フォルダを開いて、作成したモデルのアイコンの右下にある、バージョンを示すアイコンをクリックすると追加のメニューが表示されます（**図 01-07**）。

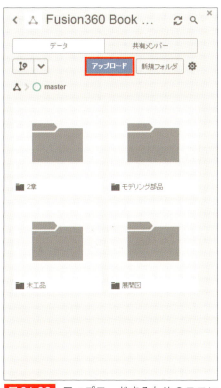

**図 01-06**　アップロードするためのコマンドボタン

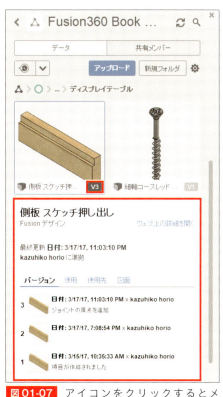

**図 01-07**　アイコンをクリックするとメニューが表示される

　メニューが表示されると、これまで保存したモデリングファイルからバージョンを指定して再利用することができます。バージョンはファイルを上書き保存するたびに、1つずつ上がります。

　バージョンの一覧から、「プロモート」を選択することで、以前のバージョンに戻すことができます（**図 01-08**）。ただしこの時、バージョン番号は現在のバージョンから、1つ上がります。元のバージョン番号には、戻りません。

**図 01-08**　過去のバージョンのデザインに戻す

また、「ウェブ上の詳細を開く」をクリックすると、A360 クラウドの該当ページが Web ブラウザ上に表示されます（**図 01-09**）。Fusion 360 で該当ページが開くのではないので、注意してください。

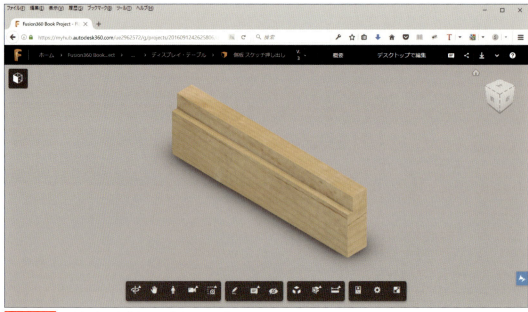

**図 01-09** A360 クラウド上のモデルのページ

なお、表示された A360 クラウドのページを利用すると、さまざまな形式で、モデリングデータをダウンロードすることができます（**図 01-10**）。

**図 01-10** モデリングデータのダウンロード

# SECTION
# 02 コンポーネントを追加する

第2章ではディスプレイテーブルのコンポーネントとして、天板と側板を作成しました。最初にアセンブリ用のファイルを作成して、そこに天板と側板を追加しましょう。

## ▶ 使用するコンポーネントの確認

　第2章で、2つのコンポーネントを作成しました（**図02-01**、**図02-02**）。

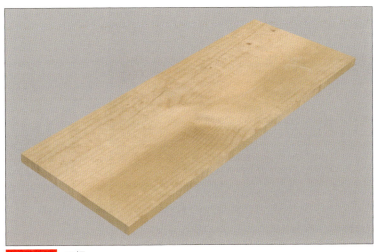

**図02-01** 天板

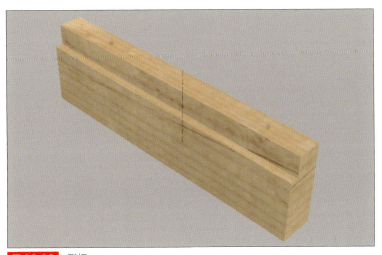

**図02-02** 側板

アセンブリを行う手順ですが、<mark>最初に、アセンブリで使用する空のデザインファイルを作成します。そこに、別のファイルで作成した部品（コンポーネント）を追加していきます。</mark>

コンポーネントのモデリングとコンポーネントを組み合わせるアセンブリを分離することで、コンポーネントをほかのアセンブリに使用したり、デザインを変更したコンポーネントに入れ替えたりする操作がかんたんになります。

またコンポーネントのファイルとアセンブリのファイルは、リンク機能により連携されています。<mark>アセンブリで使用しているコンポーネントの形状を変更すると、そのコンポーネントを利用したアセンブリに変更されたことが通知されます</mark>。その際、更新ボタンをクリックするだけで、コンポーネントの変更がアセンブリにも反映されます（P.104 参照）。

ただし、この際の方向が、参照元から参照側への一方通行であることに注意してください。そのため、アセンブリで使用しているコンポーネントを修正して、異なるコンポーネントを作成する際は注意が必要です。コンポーネントを追加したあとは、アセンブリファイルからでは、コンポーネントの形状が変更できないだけでなく、表示・非表示も変更できません。

**図 02-03**

第 2 章 Sec.02 で作成した側板のスケッチの表示設定

そのため、コンポーネントファイルの変更に備えて、アセンブリで使用する前に、側板（第 2 章の Sec.02 P.45 ないし Sec.04 P.57 参照）を開いてください。開いたあと、コースレッドの位置を描いたスケッチを表示するように、ブラウザの設定を変更してください（**図 02-03**、**図 02-04**）。スケッチを表示すると、側板の背面にコースレッドの位置を示すスケッチ（点）が表示されます（**図 02-05**）。

変更後、側板のファイルは閉じてしまって結構です。

**図 02-04**

第 2 章 Sec.04 で作成した側板のスケッチの表示設定

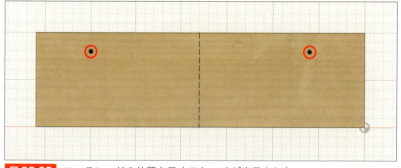

**図 02-05** コースレッドの位置を示すスケッチが表示された

第1章 Sec.03（P.24）にて、コースレッドのモデルデータは、すでに使える状態に準備してあります（**図02-06**）。データパネルにコースレッドのファイルがない場合、第1章 Sec.03 の操作を行ってください。

Fusion 360 のアセンブリ機能でコンポーネントを組み立てる場合、コースレッドがなくても天板と側板を固定することができます。しかし、第4章で紹介する部品欄や分解図を作成する際など、コースレッドを明記しなければならないことがあります。

カラーボックスの組み立て式家具を購入した際、中に入っている組み立て図を想像してください。コースレッド（木ねじ）を使用する位置が記載されていなければ、困惑すると思います。組み立て式家具のキットを販売する際に必要な組み立て図を作成したり、ブログやホームページで木工品の組み立て方法を紹介したりする場合などに、コースレッドが活用できると思います。

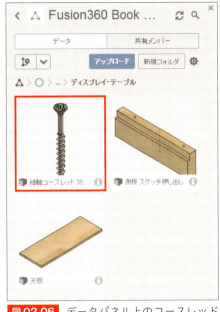

**図 02-06** データパネル上のコースレッドのファイル

ただし、木工では、カラーボックスなどの組み立て式家具でもない限り、コースレッドを使用する位置をしっかりと決めることはありません。クランプで固定したあと、目視で下穴を開け、コースレッドで固定するからです。

なお、コースレッドのモデリングデータは、コースレッドの寸法の公差が大きく、同じ規格でも数ミリの違いがあるので、公開されているものはまず存在しません。必要な場合、自分でモデリングする必要があります。

## ● アセンブリで使用するファイルの作成

実際に、これらのコンポーネントを使用して、アセンブリ機能で、ディスプレイテーブルを組み立ててみましょう。

最初に、「木工品」フォルダ→「ディスプレイテーブル」フォルダ内で新規デザインを作成します（**図 02-07**）。Fusion 360 では、最初に起動した際、あるいは、すべてのデザインファイルを閉じた際、空のデザインファイルが開かれるので、それを使用してもかまいません。

**図 02-07** 「新規デザイン」をクリック

ツールバーから「保存」をクリックし（**図02-08**）、「保存」ウィンドウが開くので、名前（ここでは「アセンブリ（ディスプレイテーブル）」）を付けて保存します（**図02-09**）。==アセンブリでコンポーネントを組み立てる前に、名前を付けて保存しておく必要があります。==

**図02-08** 「保存」をクリック

**図02-09** 名前を付けて保存

## ● コンポーネントの配置・固定・追加

まず、基準となるコンポーネントを追加します。データパネルを開き、天板をデザイン画面にドラッグ＆ドロップします。

ドラッグ＆ドロップすると、アセンブリ用のファイルのデザイン画面に天板が表示されます。その際、天板には操作ハンドルが表示され、配置方向を変更できます。

ドラッグすると、円弧は回転、四角は平面移動、矢印は直線移動、点は自由移動がそれぞれできます（**図02-10**）。

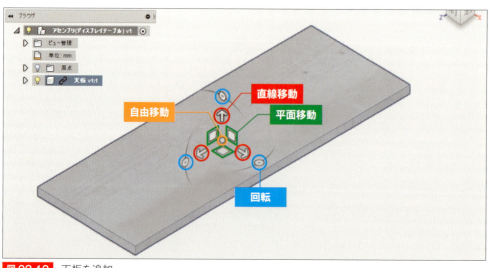

**図02-10** 天板を追加

位置を変更したら、「移動 / コピー」ウィンドウの「OK」をクリックします（**図 02-11**）。

ホームボタンを押した際の向きが正面になり、左手前の表示になります。

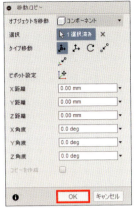

**図 02-11** 「移動 / コピー」ウィンドウ

この状態では、<mark>追加した「天板」コンポーネントは、デザインの絶対座標に固定されていません</mark>。宙に浮いた状態で存在していることになります。そこで、位置と向きを確定させるために、ブラウザ上で「天板」を選んで右クリックして、表示されるメニューから「固定」を選択します。アセンブリ機能では、基準とするコンポーネントを固定します（**図 02-12**）。

**図 02-12** 天板を固定

続いてデータパネルから側板をデザイン画面にドラッグ＆ドロップします（**図 02-13**）。

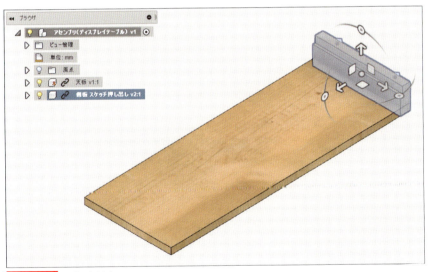

**図 02-13** 側板を追加

天板に重ならない位置に側板を移動し、「移動 / コピー」ウィンドウの「OK」をクリックして確定します（**図 02-14**）。

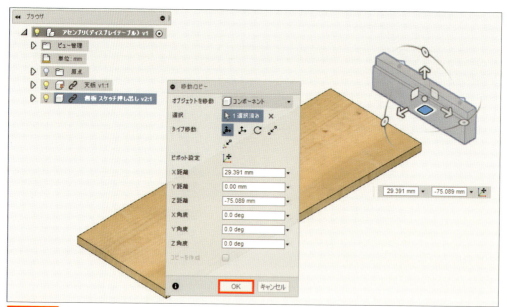

図 02-14 側板の位置を変更

　もう一度、データパネルから同じ側板を追加し、1枚目と同じように重ならないように配置し、向きは、最初に追加した側板に正対するように、円弧上の丸をドラッグして、回転させておきます（**図02-15**）。

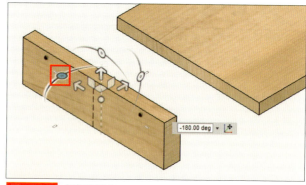

図 02-15 側板を追加

　なお、一度追加したコンポーネントをもう一度追加するには、ブラウザ上でもう一度追加したいコンポーネントを右クリックして表示されるメニューから「コピー」を選択する方法もあります（**図02-16**）。続いて右クリックし表示されるメニューから、「貼り付け」を選択するのがかんたんです。ただし、貼り付けるとコピー元の側板の位置に追加されるので、注意してください。

図 02-16 「コピー」を選択する

天板 1 枚、側板 2 枚を追加しました（**図 02-17**）。ここで、画面を広く使うために、データパネルを閉じておきます（P.28 参照）。

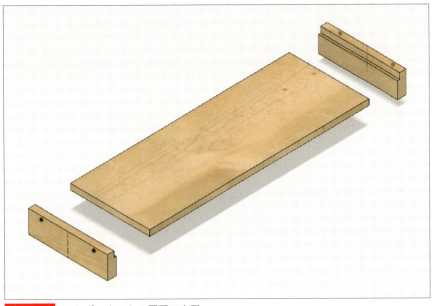

**図 02-17** コンポーネントの配置の完了

# 03 アセンブリ

アセンブリファイルに、天板と側板が追加できました。いよいよ、天板と側板をアセンブリ機能で組み立てることにしましょう。

## ▶ ジョイントの設定

　Fusion 360 では、ジョイントという概念を導入し、<mark>ジョイント同士を結合することで、アセンブリを行います</mark>。このジョイントという概念は、Fusion 360 の独自のものです。

　では、実際にジョイントを使用して組み立ててみましょう。Fusion 360 では、複数の種類のジョイントが用意されています。今回のように結合部分が可動ではなく、固定の場合、剛性ジョイントを使用します。

　ツールバーの「ジョイント」をクリックします（**図 03-01**）。

**図 03-01** 「ジョイント」をクリック

　コンポーネントにマウスのカーソルを重ねると現れる円盤に着目してください。これを<mark>「ジョイントの原点」</mark>と呼びます。面と点が一度に指定できます。そして、<mark>ジョイントの原点は、位置だけでなく、向きも重要</mark>になります。

　最初に側板にジョイントの原点を指定します。「ジョイント」ウィンドウにて、「コンポーネント1」の隣の「選択」がハイライトしていることを確認して、マウスを動かして、ジョイントの原点を設定したい側板の位置に円盤を移動させ、**図 03-02** の位置でクリックします。これで片側のジョイントが指定できました。表示倍率を上げてよく見ると、中点を示すグリフ△が表示されていることが確認できます。

Chapter
**3**
アセンブリ機能

また、さきほどを記述しましたが、円盤の向きに注意してください。側板の前面に水平になるようにクリックしてください。

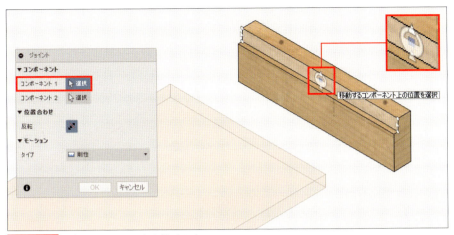

図 03-02 ジョイントの原点を指定した

では、天板側にジョイントの原点を指定しましょう。[Shift] キーを押しながらホイール押してドラッグする、あるいはビューキューブの角をクリックまたはビューキューブ自体をドラッグして、最初の原点に正対する向きに立体を調整します。慣れないうちは、ビューキューブの角をクリックするのがかんたんです（**図 03-03**）。

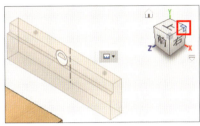

図 03-03 ビューキューブの角をクリックして立体の向きを変更

Chapter<br>3<br>アセンブリ機能

立体を向きを変更して、2 つ目のジョイントの原点を指定したい位置でクリックしましょう。「ジョイント」ウィンドウにて「コンポーネント 2」の隣の「選択」が強調表示になっていることを確認して、さきに指定したジョイントに対になるジョイントの位置をクリックして指定します（**図 03-04**）。

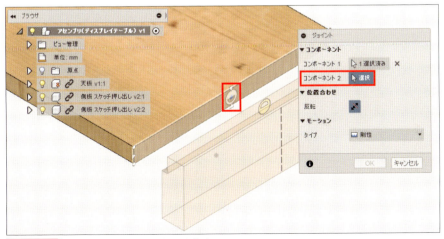

図 03-04 対になるジョイント位置を指定

この際、側板が邪魔になって、ジョイントの原点を設定したい天板の位置が見づらいならば、ブラウザで側板の電球アイコンを消灯させて側板を非表示にします。ただし、ジョイントの原点を設定したあと、電球アイコンを点灯させて側板を表示するのを忘れないでください。

指定すると、コンポーネントが移動し、結合します（**図 03-05**）。意図しない位置に結合した場合、表示された「ジョイント」ウィンドウにある、コンポーネント「選択済み」右横の×印をクリックして、削除します。問題なければ、「OK」をクリックしてジョイントを確定させます。

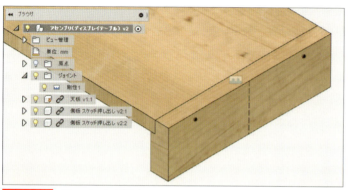

**図 03-05** ジョイントが確定

なお、ジョイントを確定させたあと、位置の修正などを行いたい際、「ジョイント」ウィンドウが表示されていなければ、ブラウザで修正したいジョイント（「剛性 \*\*」という名称になっている）を右クリックして「ジョイントを編集」を選択します（**図 03-06**）。

**図 03-06** 「ジョイントを編集」を選択

同じように、反対側にもジョイントを設定すると、**図 03-07** のように天板と側板 2 枚が組み立てられました。

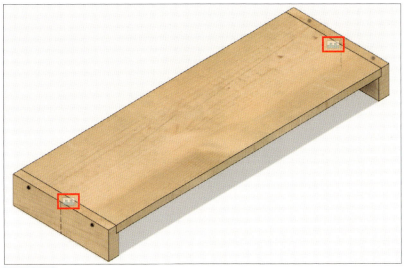

**図 03-07** 天板と側板が組み立てられた

図 **03-07** をよく見ると、ジョイントを指定した部分にグリフと呼ばれる記号が表示されています。これはジョイントを表しています。

キャプチャ画像を活用する際など、邪魔であれば、画面中央下部の表示設定アイコンから、「オブジェクトの表示設定」を選択し、「ジョイント」と「スケッチ」のチェックを外すことで、非表示に変更することができます（**図 03-08**）。

**図 03-08** 「オブジェクトの表示設定」の変更

ジョイントグリフは、ブラウザの電球アイコンを使用して非表示にすることができます。ただし、ファイルから追加したコンポーネントのスケッチは、ブラウザの電球アイコンを使用して非表示にすることができません。

ジョイント表示を消すことができました（**図 03-09**）。

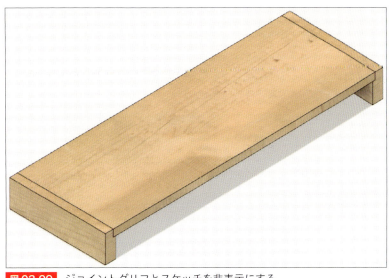

**図 03-09** ジョイントグリフとスケッチを非表示にする

## ● レンダリング

レンダリング作業スペースに移動するとより現実に近い画像を見ることができます。作業をスペースを「モデル」から「レンダリング」に変更します（**図03-10**）。

より本物っぽい画像になりました（**図03-11**）。ところで、画像の奥が小さくなっていることに気が付いたと思います。

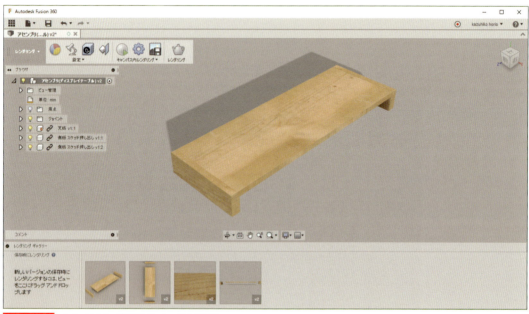

図 03-11　レンダリング作業スペースに移行

これは、表示設定の「カメラ」の設定が、「パース」になっているからです（**図03-12**）。レンダリング作業スペースに移動した際に、表示設定が「正投影」から「パース」に変更されています。正投影に変更すると、奥行きも大きさが同じになります（**図03-13**）。

図 03-12　「カメラ」の表示設定

**図 03-13** 「カメラ」の表示設定を「正投影」に変更

レンダリング作業スペースで見ると違和感があり
ますが、モデル作業スペースでは、正投影にしてお
かないと、大きさを間違えてしまう原因になります。
「パース」の状態で、マウスのホイールを押してド
ラッグして、モデルを画面の端に移動してみてくだ
さい。モデルの形状がゆがむことが確認できると思
います。

なお、パースの奥行きの大きさを細かく指定した
い場合、「シーンの設定」を選択します（**図03-
14**）。

「シーンの設定」ウィンドウが表示されるので、
「カメラ」で、「パース」を設定すると焦点距離のパ
ラメータが表示され、パラメータを調整することで、
奥にある形状の大きさを変えることができます。ま
た、「グラウンド面」のチェックを外すと影の表示
がなくなります（**図03-15**）。

**図 03-14** 「シーンの設定」

**図 03-15** 「シーンの設定」ウィンドウ

次に行うレンダリングの前に、コンポーネ
ントをあらかじめ保存しておく必要がありま
す。そこでいったん、上書き保存しましょう。
ツールバーから「保存」をクリックします。
「バージョンの説明を追加」というウィンド
ウが表示されます。「バージョンの説明」に
「ユーザが保存したバージョン」と表示され

図 03-16　上書き保存

ていますが、ここで行った作業内容に書き換
えます（もちろん変更しなくても可）。最後
に「OK」をクリックすると、上書き保存が
完了します（図 03-16）。

続いて、「レンダリング」をクリックしま
す（図 03-17）。

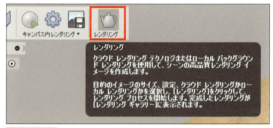

図 03-17　「レンダリング」を選択

「レンダリング設定」ウィンドウが表示され
ます（図 03-18）。上部に設定のプリセッ
トが存在するので、細かく設定する際に活用
します。
「使用するレンダラ」から「クラウドレンダ
ラ」を選択し「レンダリング」をクリックす
ると、デザインが保存されたあと、モデルの
レンダリングが処理待ちリスト（キュー）に
追加されます。しばらくするとレンダリング
が実行され、完了します。

図 03-18　「レンダリング設定」ウィンドウ

レンダリングが終了すると、下部に表示されているレンダリングギャラリーに、サムネイルが表
示されます（図 03-19）。

図 03-19　レンダリングギャラリー

サムネイルをクリックすると、専用のウィンドウでレンダリングされた画像が表示されます。上部のダウンロードアイコンをクリックすると、パソコンの HDD に画像データをダウンロードできます（**図 03-20**）。ウィンドウを閉じるには、右下の「閉じる」をクリックします。

**図 03-20**　レンダリングされたディスプレイテーブル

　これ以降、ファイルは、適時、保存するように努めてください。保存のたびにバージョン番号が更新されます。保存の履歴は、A360 クラウドで管理されており、必要に応じて、以前のデザインに戻すことができます。詳しくは Sec.01（P.69）を参照してください。

　ただし、レンダリング画像は、計算の際、クラウド上に保存されているので、特に保存を意識する必要はありません。

　モデルの向きや明るさ、焦点距離などのパラメータをいろいろ変更して、レンダリングの結果がどのように変化するか確認してみましょう。

Chapter

**3**

アセンブリ機能

# SECTION 04 ジョイントの原点の設定方法

ここではジョイントの原点を用いてアセンブリを行いますが、その際にコースレッドを利用してみましょう。コースレッドを使うことで、より本格的なアセンブリとなります。

## ▶ ジョイントの原点を設定する3つの方法

Fusion 360のアセンブリ機能で組み立ては完了しているので、コースレッドのような固定具を使用しなくても、モデリング上では固定されているため問題はありません。しかし実際の工作では、部品の組み立てにはコースレッドなどが必要です。第4章で説明する分解図を利用して、組み立て家具の作業マニュアルを作成する場合などには、追加して分解図を作成したほうが親切だと思います。

作成したアセンブリモデルをどのように使用するかを考え、きちんと部品を追加するか、簡略化して使用しないかを判断する必要があります。

ここでは、作成したアセンブリモデルにコースレッドを追加していきましょう。側板1枚につき2つ、全部で4つのコースレッドを追加します。

さきほど、天板と側板にジョイントを設定しました。Fusion 360では、ジョイントという概念で2つのコンポーネントの間の関係を指定することを説明しました。ジョイントする位置には、ジョイントの原点を使用します。ジョイントを設定する際、稜線の両端と中心、円の四半円点、中心、面の中心、角、辺の中心などに、マウスカーソルを重ねると、ジョイントの原点が自動的に現れます。

しかし、マウスのカーソルを重ねても、自動でジョイントの原点が表示されない位置にジョイントを設定したいときは、どのように操作したらよいのでしょうか。側板にコースレッドを設定する操作を使って3つの方法を説明します。

1. 自動で現れるジョイントの原点にオフセット値を指定する
2. ジョイントの原点を表示したい場所にスケッチを描き、ジョイントを指定する
3. 事前にジョイントの原点を設定する

## ▶ カメラの設定による見え方の違い

では、追加作業を行います。モデル作業スペースに移動します（**図 04-01**）。

ここで、オブジェクトの表示設定より、<mark>カメラの項目が正投影になっていることを確認</mark>しましょう（**図 04-02**）。

P.82 で「カメラ」の設定について説明しましたが、ここでは、ほぼ直方体の形状しか存在しないので、「正投影」「パース」どちらでも、問題はないと思います。

**図 04-01** 「モデル」を選択

慣れの問題かもしれませんが、<mark>「カメラ」の設定により、遠近法で奥の形状が小さくなっていると形状を誤って認識しやすくなる</mark>ので、注意してください。

**図 04-02** 「カメラ」の設定の違い

## ▶ 自動で現れるジョイントの原点にオフセット値を指定

では、コースレッドとディスプレイテーブルとの間にジョイントを設定しましょう。この方法では、<mark>スケッチは利用しないので、非表示</mark>にしておきます（**図 04-03**）。

Chapter **3** アセンブリ機能

図 04-03 「オブジェクトの表示設定」で、スケッチを
非表示にする

データパネルを表示して、第1章 Sec.03（P.24）にてアップロードしたコースレッドを、アセンブリモデルのデザイン画面にドラッグ＆ドロップします。コースレッドが追加されるので、ディスプレイテーブルに重ならないように配置します（図 04-04）。

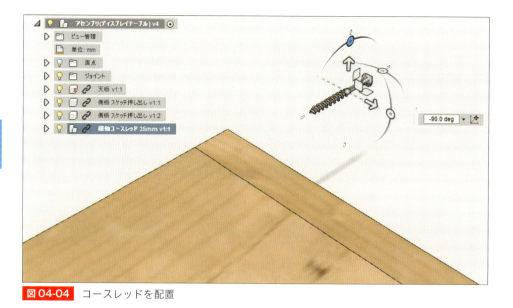

図 04-04 コースレッドを配置

ツールバーから「ジョイント」を選択します（図 04-05）。

図 04-05 「ジョイント」を選択

側板の面にマウスカーソルを重ねると、カーソルがジョイントの原点に変化しますが、コースレッドを配置したい場所にはスナップが存在しません（**図04-06**）。

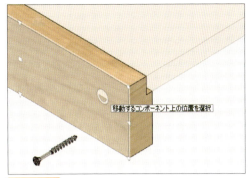

**図 04-06** 「ジョイント」を設定したい場所にスナップが存在しない

　とりあえずスナップできる右上の角を選択します（**図04-07**）。その位置からオフセット値を指定することで、もともと設定したい位置にジョイントの原点を指定することにします。角を選択する際、ジョイントの原点の向きに注意してください。

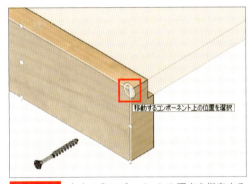

**図 04-07** 右上の角にジョイントの原点を指定する

　次に、コースレッド側にジョイントの原点を指定します。円形の穴や円柱の中心のジョイントの原点を選択するときは、円の稜線にマウスカーソルを重ねて、ジョイントの原点が中心に表示されたところでクリックします。

　またコースレッドは複数の形状によって構成されており、ジョイントの原点に指定できる場所が複数あります。ネジの頭を指定したい場合、上部の面（**図04-08**左）を、その下のフィレット（**図04-08**中）、更にその下の稜線（**図04-08**右）の3つです。

上部の面　　　　フィレット　　　　フィレットの下側の稜線

**図04-08** ジョイントの原点に指定できる3つの場所

　それぞれ指定する位置によって、ジョイントしたあとのネジの頭の位置が変わります。今回、指定するジョイントの原点は、上部の面になります。上部の面をクリックすると（**図04-09**）、アニメーションが再生され、側板とコースレッドがジョイントされます。

ただし、この段階では確定してはいません。アニメーションでは、ジョイントに関係する2つのコンポーネントしか移動しません。「ジョイント」ウィンドウの「OK」をクリックすると、すべての配置が設定した状態になります。「OK」をクリックするまでは、2つのコンポーネントの位置関係だけを確認してください。

　コースレッドの頭にジョイントの原点を指定するには、**図04-08**のとおり複数の点があるため、ちょっとしたマウスカーソルの位置で指定する位置が変わってしまいます。最初は難しいかもしれませんが、P.31の方法で表示倍率を上げて、コースレッドの頭を拡大し、拡大した頭にゆっくりとマウスカーソルを重ねて**図04-09**のようになったらクリックしてみてください。

　失敗しても、「ジョイント」のウィンドウの「OK」をクリックするまで確定していません。「コンポーネント2」の隣の「1選択済み」の×をクリックして、選択を解除してもう一度コースレッドの上部の輪郭を選択し直してください。

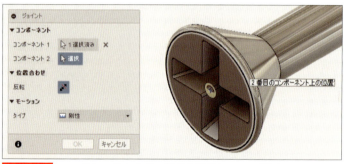

**図04-09** コースレッドの上部の輪郭を選択している様子

　「ジョイント」ウィンドウにて「コンポーネント1」「コンポーネント2」のいずれも設定が完了すると、「位置合わせ」の項目が表示されます。意図した位置にジョイントが移動するようにオフセットの値を設定します（**図04-10**）。

**図04-10** 「オフセット」の値を入力する

拡大して見ると、コースレッドの頭が側板に沈み込んでいます（図04-11）。これが気になる場合、位置を修正します。「コンポーネント2」の隣の「1選択済み」の×をクリックして、選択を解除して「フィレット」（図04-08中）に指定し直します。

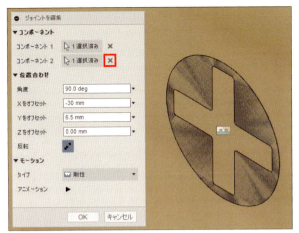

図04-11 上部の面をジョイントの原点に指定するとコースレッドが沈み込む

また、「フィレット」を指定し直して、「ジョイント」ウィンドウで「OK」をクリックするとジョイントが確定します。コースレッドの頭が少し上に出ていることがわかります。これで1つ目のコースレッドが追加できました（図04-12）。

図04-12 1つ目のジョイントが設定された

なお、ジョイント部分を見やすくするために、ブラウザで「剛性」の電球アイコンを消灯させて、非表示にしています。

もしコースレッドをジョイントした際、反対側にジョイントされた場合、「ジョイント」ウィンドウにて、「反転」をクリックし、向きを変更します（図04-13）。

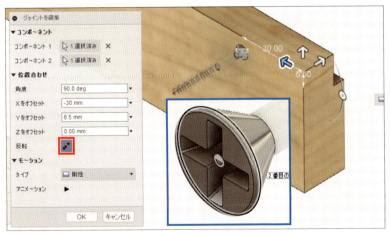

図04-13 コースレッドが反対側にジョイントする

Chapter
3
アセンブリ機能

ただし、反転させるとオフセットの位置が変化するのでオフセットの位置を修正してから、「OK」をクリックします（**図 04-14**）。

**図 04-14** オフセットの位置が変化する

　なお、ジョイントの設定後、位置の修正やコースレッドの向きの変更などを行いたい場合、ブラウザで修正したいジョイント（「剛性 **」という名称になっている）を右クリックして「ジョイントを編集」を選択します（**図 04-15**）。また、履歴上で、ジョイントをダブルクリックしたり、ジョイントのグリフを右クリックしても編集できます。

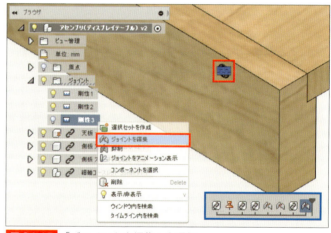

**図 04-15** 「ジョイントを編集」を選択

　なお、モデル上で、ジョイントのグリフを選択すると、ブラウザ上や履歴上のジョイントが強調表示されます。逆に、ブラウザ上や履歴上のジョイントを選択するとモデル上のジョイントグリフが強調表示されます。

　今回解説した、オフセット値を利用したジョイントの原点の設定方法の問題は、ジョイントにミラーやパターンなどの複写機能がないことです。==ジョイントを設定する際に、ジョイントの数だけオフセット値を指定する必要があります。毎回、数値を入力する必要があるので、作業が煩雑な上、入力ミスの可能性が増えます==。

## ● スケッチを描いてジョイントの原点を設定

　1本目のコースレッドは、設定できるジョイントの原点を基準にオフセットで設定しました。

もっとかんたんに、ジョイントを設定できないでしょうか。望む位置にジョイントの原点が表示されればよいのです。この問題を解決するには、==ジョイントの原点を発生させるオブジェクトを、あらかじめ望む位置に配置しておけばよい==ということになります。

　2本目のコースレッドでは、スケッチで描いた点を利用して、ジョイントを設定します。第2章 Sec.03（P.50）にて、コースレッドとジョイントする位置をスケッチで描いておきました。このスケッチを利用します。
「オブジェクトの表示設定」で非表示にしたスケッチを表示します（**図04-16**）。

**図04-16** 「オブジェクトの表示設定」を変更

　デザイン画面の側板を見て、ジョイントのために描いておいたスケッチが見当たらない場合、==ブラウザで側板の元ファイルに戻って電球アイコンが点灯状態になっているか確認してください。アセンブリ側のブラウザでは、外部ファイルから追加したコンポーネントの表示・非表示の設定に関して、管理できません==（**図04-17**）。

**図04-17** アセンブリ側のブラウザでは部品の表示・非表示は操作できない

　ジョイントを設定するコースレッドを追加します。P.88で行った操作と同じように、データパネルを表示させて「コースレッド」をアセンブリのデザイン画面にドラッグ＆ドロップして2本目のコースレッドを追加します。

　もしくはブラウザから1本目の「コースレッド」を右クリックして「コピー」（Ctrl キー＋C キー）をクリック、続いて右クリックして「貼り付け」（Ctrl キー＋V キー）をクリックしても「コースレッド」を追加することができます（**図04-18**）。

**図04-18** 「コピー」・「貼り付け」をクリック

コピー、貼り付けで追加すると
コースレッドは、１本目と同じ位
置に追加されます。側板に重なら
ない位置に移動して「移動 / コ
ピー」ウィンドウの「OK」をク
リックします（**図04-19**）。

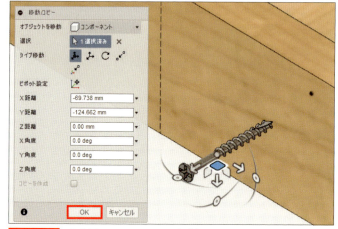

**図04-19** ２本目のコースレッドを追加できた

　ツールバーから「ジョイント」を選択します。さきほどと異なり、あらかじめ描いておいたス
ケッチの点の位置に、マウスカーソルを重ねるとスナップできることが確認できたと思います。
カーソルをスナップさせるための形状は、もちろん、スケッチだけでなく、下穴などの立体形状で
も問題ありません（**図04-20**）。

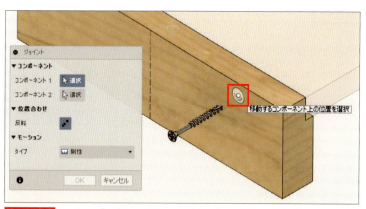

**図04-20** スナップできるスケッチの点にジョイントの原点が現れる

　P.88 と同様の方法で、側板と
コースレッドをジョイントします。
オフセットに前回使用した値が
残っている場合、０に指定してく
ださい（**図04-21**）。「OK」を
クリックして、２本目のコース
レッドの設定が完了です。

　同様の方法で、３本目・４本目
のコースレッドを追加して、それぞ
れジョイントさせます（**図04-22**）。

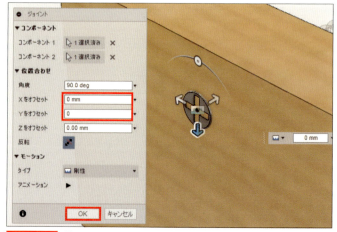

**図04-21** 「オフセット」を０にする

**図04-22**をよく見ると、ジョイントを指定した部分にグリフと呼ばれる記号が表示されており、ジョイントしたコースレッドが見づらくなっています。ブラウザで非表示にすることも可能ですが、「オブジェクトの表示設定」を選択し、「ジョイント」と「スケッチ」のチェックを外すことで、非表示に変更することができます（**図04-23**）。ブラウザで、電球アイコンを消灯表示にすることでも非表示にできます。

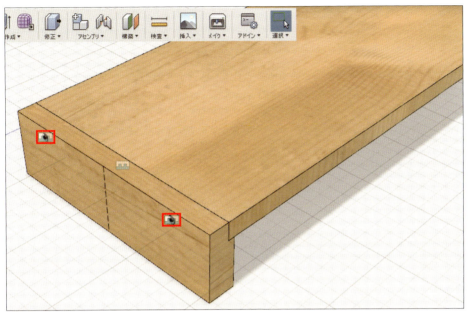

**図04-22** ３本目・４本目のジョイントが設定できた

**図04-23** 「オブジェクトの表示設定」から「ジョイント」と「スケッチ」のチェックを外す

　これで、ディスプレイテーブルの完成です。上書き保存しておきます。

Chapter
**3**
アセンブリ機能

SECTION

# 05 事前にジョイントの原点を設定しておく

ここでは Sec.04 とは異なる方法でジョイントを設定する方法を中心に、アセンブリで使用したコンポーネントファイルとアセンブリファイルのリンク、また履歴の使い方について、解説します。

## ▶ コンポーネントのリンク

　アセンブリで利用するすべてのコンポーネント（別ファイルから追加した部品）のスケッチを一括で表示・非表示するには、画面中央下部の「表示設定」から、「オブジェクトの表示設定」を選択し、「スケッチ」のチェックを入れる・外すことで設定することができます。

　しかし、個別では、アセンブリで使用するモデルのスケッチは、アセンブリデザインからは、表示・非表示を制御できません。

　側板のコンポーネントをブラウザで確認すると、表示・非表示を制御する電球アイコンが、薄く表示されており、操作できないことが確認できます（**図 05-01**）。

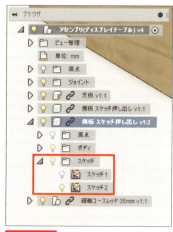

**図 05-01** 電球アイコンが薄く表示され、操作できない

　**図 05-01** のように、追加したコンポーネントの原点やスケッチの表示・非表示を変更できないのは、元のファイルとリンクしているためです。元ファイル側で変更しない限り、原点やスケッチの表示・非表示を変更することもできないのです。

　ただし、リンクしているので、コンポーネントの元ファイルを修正した際、そのコンポーネントを利用しているすべてのアセンブリファイルに更新されたことが自動で通知されます。同じコンポーネントを同時に複数のアセンブリファイルで使用している場合、そのコンポーネントを利用しているアセンブリファイルをひとつひとつ修正する必要がなく効率的です。

　ブラウザ上で、コンポーネントの名前の左に表示されている鎖のアイコンが、元のファイルとリンクされていることを示しています。

　コンポーネントの元ファイルを変更した場合、そのコンポーネントを利用しているアセンブリファイルでは、コンポーネントが最新の状態でないことが通知されます（**図 05-02**）。また、警告表示も行われます（**図 05-03**）。

この状態で、更新操作を行うと、アセンブリファイルにもコンポーネントの変更を反映することができます。

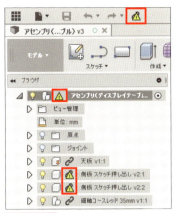

図 05-02　最新の状態でないことが通知された様子

リンクを解除して、コンポーネントを修正すれば、同じコンポーネントを使用しているアセンブリファイルに影響をおよぼすことなく、修正することができます。

リンクを解除するには、ブラウザ上でリンクを解除したいコンポーネントを右クリックして「リンクを解除」を選択します（図 05-04）。

図 05-04　リンクを解除する

リンクを解除すると、薄く表示されていた表示・非表示を制御する電球アイコンが、通常の表示に戻り、表示・非表示を変更することができます。しかし、一度リンクを解除してしまうと再度リンクを設定できません。右クリックしても、表示されるメニューにリンクの項目がなくなります（図 05-05）。

図 05-05　リンクを解除するとメニューからリンクの項目がなくなる

Chapter
3
アセンブリ機能

加えて、履歴も変化します（**図 05-06**）。

**図 05-06**

リンクを解除すると履歴も変化する

リンクを解除するとコンポーネントのデザインファイルとの
関連がなくなります。コンポーネントを共通化して使用する際
には、利点がありません。むやみにリンクを解除することは避
けましょう。この時点では、「元に戻す（[Ctrl] キー ＋ [Z] キー）」
（**図 05-07**）ことで、リンクは元に戻ります。

**図 05-07**

「リンクを解除」を「元に戻す」

## ● 履歴の使い方

第 1 章 Sec.02（P.21）にて、履歴に
ついて解説しました。ここでは、実際
に履歴を使ってみましょう。

アセンブリファイルを開き、画面下
部の履歴を見てください（**図 05-08**）。

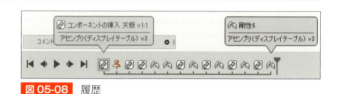

**図 05-08**　履歴

さまざまアイコンが並んでいます。このアイコンを履歴マーカーと呼びます。履歴マーカーが、
アセンブリファイルで作業してきた操作の各単位になります。一番左が最初に行った操作で、一番
右が最後に行った操作になります。各履歴マーカーにマウスカーソルを近付けると、過去の操作の
内容が簡潔に表示され、その操作に関わったコンポーネントがデザイン画面上でハイライトで表示
されます。

ちなみに一番左の履歴マーカーは「コンポーネントの挿入　天板」で、つまりはデータパネルか
ら天板のコンポーネントをドラッグ＆ドロップした操作を意味します。一番右の履歴マーカーは
「剛性 6」で、4 本目のコースレッドのジョイントを意味します。

では実際に履歴を使って、操作を覚えていきましょう。

モデルの向きは、ビューキューブをドラッグしたり、[Shift] キーを押しながらホイールをドラッグ
したりすることで変更できます。ここではコンポーネントの配置を変更して向きを変更します。

アセンブリファイルには、天板、側板 2 枚、コースレッド 4 本のコンポーネントが使われていま
す。このうち、天板だけの向きを変えるだけで、ほかのコンポーネントの状態は変更せずに、全体
のアセンブリモデルの向きを変更するという操作を、履歴を使って行ってみましょう。

実際に図面を作成する際など、座標軸を含めてモデルの向きを変更したいことがよくあります。

最初に、空間の位置を把握しやすくするため、ビューキュー
ブのホームボタンをクリックし、標準の向きに変更します（**図
05-09**）。

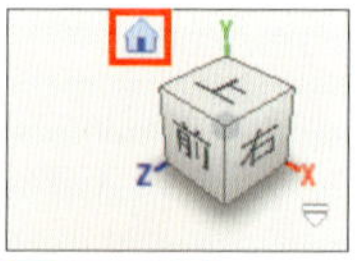

**図 05-09**　ビューキューブのホー
ムボタン

履歴の一番左から2番目の履歴マーカー
（「固定」）を右クリックして「削除」を選択
します（**図05-10**）。

**図05-10** 「削除」を選択

　履歴が変更されます。続いて、履歴の一番右の矢印（履歴の挿入位置を示す）をドラッグして、
一番左の履歴マーカー（「コンポーネントの挿入 天板」）の右隣のマーカーを削除したところまで移
動させます（**図05-11**）。すると、デザイン画面上も天板が挿入された直後の状態に戻ります。

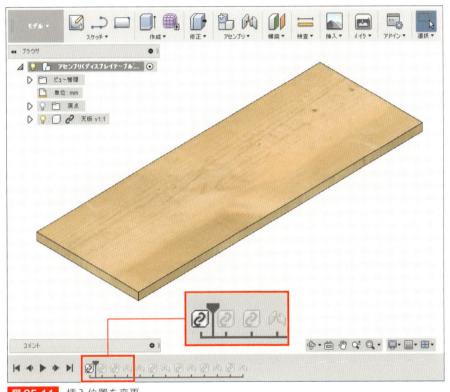

**図05-11** 挿入位置を変更

　続いてブラウザから、最初に追加したコンポーネント
（天板）を右クリックして表示されるメニューから「移
動/コピー」を選択します（**図05-12**）。このとき
<mark>「固定」が有効になっていると、「移動/コピー」が表示
されません。</mark>

**図05-12** 「移動/コピー」を選択

　「移動/コピー」ウィンドウが表示されるので、「Y角度」で「90」度を入力し、「OK」をクリック
します（**図05-13**）。

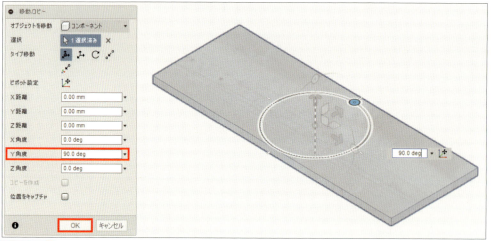

図05-13 「移動 / コピー」ウィンドウ

　天板の向きが変わったことを確認して、ブラウザからコンポーネント（天板）を右クリックし、再度固定します（**図05-14**）。

図05-14 「固定」を選択

　メッセージが表示されます。表示されたウィンドウで「位置をキャプチャ」をクリックします（**図05-15**）。

図05-15 「位置をキャプチャ」を選択

　履歴挿入位置を示す矢印をドラッグして一番右に移動します（**図05-16**）。

図05-16 挿入位置を変更

　ビューキューブのホームボタンをクリックして表示される向きを変更することができました（**図05-17**）。

Chapter
**3**
アセンブリ機能

**図05-17** ビューキューブのホームボタンをクリック

## ⊙ ジョイントの原点を設定してコースレッドを結合

ジョイントの原点を設定して、コースレッドをジョイントする方法について説明します。アセンブリファイルではなく、コンポーネントの元ファイルに、ジョイントの原点を設定します。

Sec.04（P.95）にて、ディスプレイテーブルは完成しましたが、この履歴を使って、最初の操作として、天板と側板がジョイントされた段階まで戻りましょう。

履歴マーカーにカーソルを近付けて、1本目のコースレッドが挿入された履歴マーカーを探します。「コンポーネントの挿入　コースレッド…」と表示される履歴マーカーです。履歴の矢印を、その履歴マーカーの左側までドラッグします。続いて、1本目のコースレッドが挿入された履歴マーカーを右クリックして「履歴マーカーの後にフィーチャをすべて削除」をクリックします（**図05-18**）。

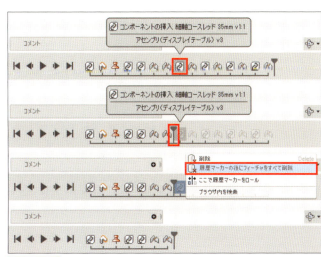

**図05-18**「履歴マーカーの後にフィーチャをすべて削除」をクリック

これで天板と側板がジョイントされた段階まで戻りました。履歴もジョイント時点が最新です（**図05-19**）。

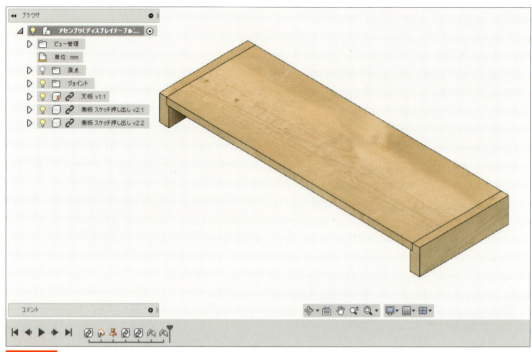

**図05-19** 履歴を含めて作業状態が戻った

アセンブリファイルの準備は整ったので、元ファイルにジョイントの原点を追加してみましょう。

データパネルから、側板のサムネイル画像をダブルクリックして開くと間違えてアセンブリに使用していないファイルを編集してしまうことがあります。誤操作を避けるため、==ブラウザでコンポーネント（側板）を右クリックして表示されるメニューから「開く」を選択==し、側板のデザインを開きます（**図05-20**）。

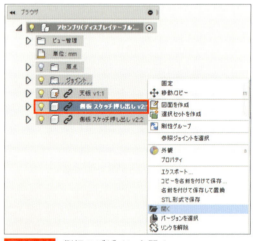

**図05-20** 側板のデザインを開く

なお、このアセンブリでは、同じコンポーネントを2つ追加しているので、1つを修正すれば、もう1つも自動で修正されます。変更前の状態のファイルを残しておくときは、「コピーを名前を付けて保存」を選択します。ファイルをコピーするとバージョンの表示は「v1」になります。

なお、このまま編集作業を行うと、側板のデザインファイルは、変更され、バージョンが更新されることになります。Sec.01（P.69）で説明したように、Fusion 360では、保存のたびにバージョンが管理されて履歴が残り、あとから変更前のバージョンを呼び出すことができます。

これから側板のデザインを修正しますが、デザインを修正し保存すると、側板のバージョンが更新されます。すると、同じ側板のファイルを利用しているアセンブリファイルでは、さきほど説明したように（P.97）、コンポーネントが最新の状態でないことが通知されます。

それでは、側板のデザインを修正していきましょう。

スケッチが表示されるように、ビューキューブの角をクリックして、作業しやすい向きに変更します（**図05-21**）。

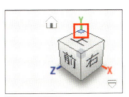

**図05-21** モデルの向きを変更する

ツールバーの「アセンブリ」から「ジョイントの原点」を選択します（**図05-22**）。

**図05-22** 「ジョイントの原点」を選択

スケッチの点を選択します（**図05-23**）。

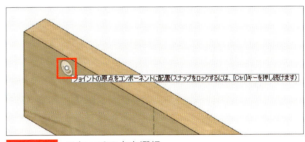

**図05-23** スケッチの点を選択

ジョイントの原点が配置されます。「ジョイントの原点」ウィンドウが表示されるので、向きを指定したいところですが、ここではこのまま「OK」をクリックします（**図05-24**）。

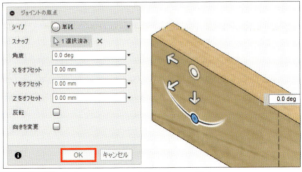

**図05-24** 「ジョイントの原点」ウィンドウ

同様にもう1つの点にもジョイントの原点を設定します（**図 05-25**）。

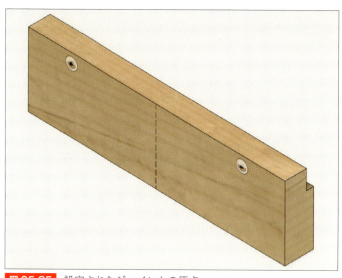

**図 05-25** 設定されたジョイントの原点

ジョイントの原点を設定すると、ブラウザに「ジョイントの原点」の項目が表示されます（**図 05-26**）。ジョイントの原点は、電球アイコンを点灯状態にして、表示しておきましょう。

ジョイントの原点を設定したので、スケッチを表示しておく必要はありません。スケッチは非表示にしておきます。ここまでできたら、いったん側板を上書き保存します。

**図 05-26** ブラウザの電球アイコンの状態

側板側の修正は完了したので、側板のファイルを保存して閉じます。アセンブリを行っているデザインファイルを開くと、アセンブリに使用されているコンポーネントが変更されていると警告が表示されます（**図 05-27**）。警告は、さまざまな場所に表示されます。

図 05-27 警告のアイコン

ブラウザで、最上位のコンポーネントを右クリックし表示されるメニューから「最新をすべて取得」を選択する（**図 05-28**）、あるいは、ウィンドウの上部にあるクイックアクセスバーに表示されている警告のアイコンをクリックすると、データを更新します。

図 05-28 「最新をすべて取得」を選択

P.88 の方法でコースレッドを追加します（**図 05-29**）。追加したら、ジョイントが重ならないように移動して、「移動 / コピー」ウィンドウの「OK」を押して位置を確定します。

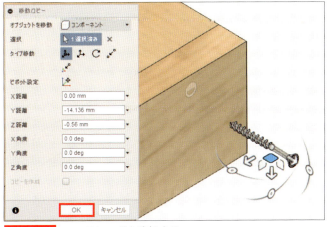

図 05-29 コースレッドを追加する

ツールバーから「ジョイント」を選択します（**図 05-30**）。

図 05-30 「ジョイント」を選択

「ジョイント」ウィンドウが表示されるので、「コンポーネント 1」にコースレッドの「フィレット」（P.89 参照）を指定します（**図 05-31**）。

図 05-31 コースレッドの「フィレット」を指定

続いて、「コンポーネント 2」にさきほど設定したジョイントの原点を指定します（**図 05-32**）。

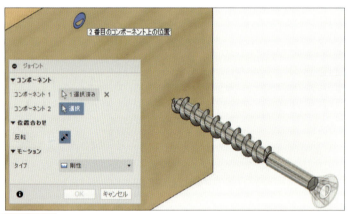

図 05-32 ジョイントの原点をクリック

コースレッドが逆向きにジョイントされることもあります。この場合、「ジョイント」ウィンドウにて「反転」をクリックします（**図 05-33**）。意図した方向にジョイントされている場合は、「反転」をクリックする必要はありません。そのまま「OK」をクリックします。

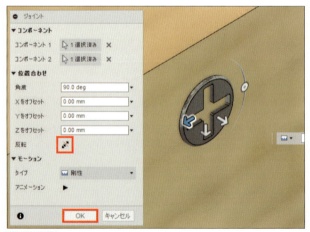

図 05-33 「反転」をクリック

2本目以降のコースレッドの追加には、データパネルからドラッグ＆ドロップする方法と、ブラウザ上で1本目のコースレッドを右クリックして「コピー」＆「貼り付け」の2種類から選択することができます。

　ただし、データパネルからドラッグ＆ドロップして追加すると原点の位置に追加され、コピー＆貼り付けで追加するとコピーしたコンポーネントと同じ位置に追加されるという違いがあることを覚えておいてください。

　同様の操作で、残りの3か所にコースレッドを追加し、ジョイントします（**図05-34**）。

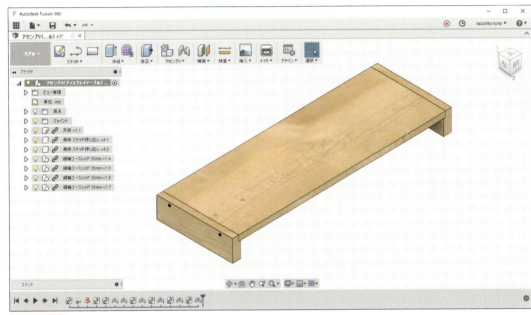

**図05-34**　ジョイントの設定を完了

　ジョイントの原点は、使用すると自動的に非表示になります。未使用のジョイントの原点を非表示にするには、コンポーネントのジョイントの原点の項目から、電球アイコンを消灯状態にするか、画面下部の「表示設定」から「オブジェクトの表示設定」で、「ジョイントの原点」のチェックを外します。

　なお、「すべての作業フィーチャ」にチェックを入れると、自動的に以下のチェックがすべてオンになります（**図05-35**）。

　外部とのリンクが設定されているコンポーネントでも、<mark>ジョイントの原点は、参照しているアセンブリ側から、ジョイントの原点の表示・非表示が変更できます</mark>。このことが、ジョイントの位置の指定において、今回の方法のほうがスケッチなどのコンポーネントを使用するよりも有利な点です。

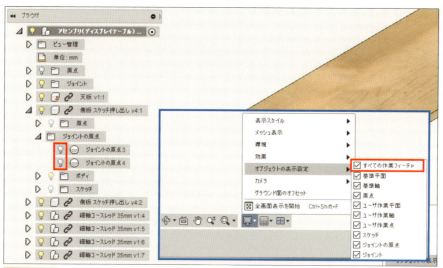

図 05-35 「オブジェクトの表示設定」で「すべての作業フィーチャ」にチェックを入れる

最後にブラウザから「ジョイント」の電球アイコンをクリックして消灯状態にして、ジョイントのグリフを非表示にし（**図 05-36**）、上書き保存して完了です。

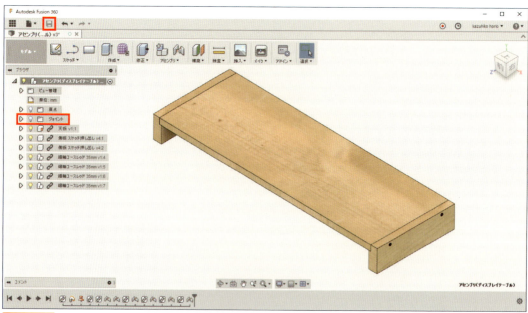

図 05-36 ジョイントの電球アイコンを消灯状態にする

Chapter **4**

# 図面・部品欄・分解図の作成

## SECTION 01 等角図へ寸法を記入する

アセンブリを行ったので、ディスプレイテーブルは完成しました。続いて、ディスプレイテーブルの図面や部品表、分解図を作成することにしましょう。まずは等角図を作成します。

## ▶ スケッチを使って寸法を記入

作業スペースに「図面」がありますが、Fusion 360 の現時点でのバージョンでは、図面作業スペースでは、等角図への寸法記入はできません。ただし、工夫しだいでは、寸法を記入した等角図を作成することができます。

アセンブリファイルに戻ります。閉じていれば、データパネルを表示し、3章でアセンブリしたファイルをダブルクリックして、再度開いてください。

モデル作業スペースで作業します。寸法を記入する面をクリックして選択します。今回は、背面を選択します（**図01-01**）。

**図01-01** 寸法を記入する面をクリックして選択

ツールバーの「スケッチ」から「スケッチを作成」を選択します（**図01-02**）。

**図01-02** 「スケッチを作成」を選択

続いて、「スケッチ」をクリックして「スケッチ寸法」を選択します。ショートカットキーは Ctrl キー + D キーです（**図01-03**）。

**図01-03** スケッチ寸法を選択

寸法を表示したい端点をクリックし、もう一方の端点をクリックし、マウスカーソルを動かすと、寸法が計測され表示されます。そのまま、マウスカーソルを動かして、寸法が記入された線（寸法拘束）を表示させたい位置まで移動させクリックします（**図01-04**）。

なお、寸法拘束はあとからでも、ドラッグして表示位置を変更することができます。

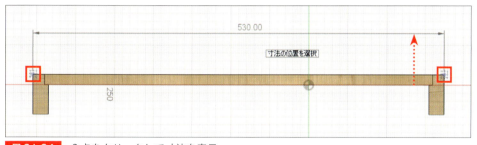

**図01-04** 2点をクリックして寸法を表示

寸法は、立体モデルを作成したときにすでに指定しています。さらに寸法を指定すると、寸法の多重定義になるので、警告が表示されます。警告が表示された場合、「OK」をクリックします（**図01-05**）。

**図01-05** 過剰拘束の警告

なお、寸法拘束が表示されない場合、スケッチが非表示になっている可能性があります。ブラウザを見て「スケッチ」の電球アイコンが消灯していないか、もしくは P.81 の方法で「オブジェクトの表示設定」を確認し「スケッチ」がオフになっていないかを確認します。

また、線を指定しても寸法を表示することができます（**図01-06**）。

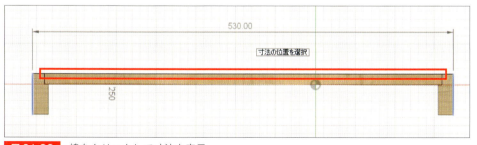

**図01-06** 線をクリックして寸法を表示

追加した寸法は、参考寸法を示すカッコ（）に囲まれて表示されます。必要な寸法を入力後（**図01-07**）、「スケッチ」から「スケッチを停止」を選択します（**図01-08**）。

Chapter

**4**

図面・部品欄・分解図の作成

**図 01-07** 必要な寸法を入力

**図 01-08** 「スケッチを停止」を選択

　製図では、異なる寸法を重複して指定しないように、寸法の指定は1箇所でのみ行います。CADでもまた同じです。この形状は、すでにモデリングの段階で寸法指定しているので、寸法指定が重複してしまいます。

　寸法を追加すると、「参考寸法」として括弧（）で囲まれた寸法が追加され、寸法がこの位置で指定されていないことを示します。つまり、この位置からは寸法を変更できません。

## ▶ モデルに寸法の表示

　ビューキューブのホームボタンをクリックして、モデルの向きを変更します（**図 01-09**）。

**図 01-09** モデルの向きを変更

　ブラウザの「スケッチ」の1つ下の階層の「スケッチ＊＊」を右クリックして「寸法を表示」を選択します（**図 01-10**）。

**図 01-10** 「寸法を表示」を選択

　寸法が表示されます（**図 01-11**）。

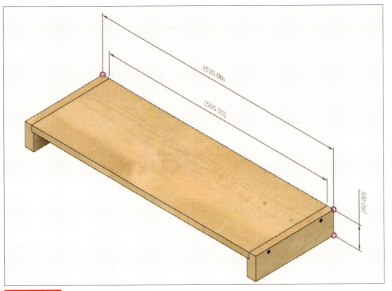

**図01-11** 寸法が表示された

　もう一度、ブラウザの「スケッチ＊＊」を右クリックして「プロファイルを非表示」を選択します（**図01-12**）。

**図01-12** 「プロファイルを非表示」を選択

　寸法を表示したい平面に同様の操作を行います（**図01-13**）。

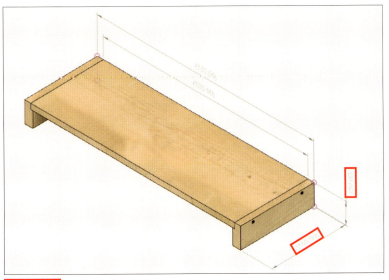

**図01-13** 必要な面に寸法を表示させた

## ▶ 表示スタイルの変更

下部の「表示設定」をクリックして「表示スタイル」から「陰線エッジを含むワイヤフレーム」を選択します（**図01-14**）。

**図01-14** 陰線エッジを含むワイヤフレーム」を選択

これで等角図に寸法を入力することができました（**図01-15**）。ただし、P.116で解説する「新規図面」を選択しても、この状態での寸法表示は表示されません。寸法を入力した等角図を図面として利用する場合、画像を画面キャプチャする必要があります。

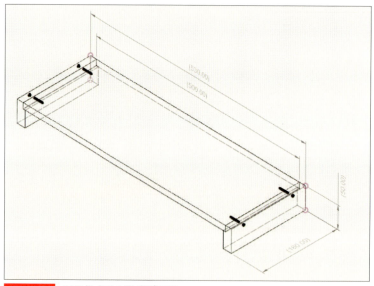

**図01-15** 図面作成用の準備が完了

また、寸法を入力した等角図を印刷する方法は、本書を執筆した時点でのFusion 360には用意されていません。キャプチャ画像をクリップボード経由で、別のグラフィックソフトに貼り付けて利用しましょう。

表示を元に戻したい場合、下部の「表示設定」をクリックして「表示スタイル」から「シェーディング」を選択します。寸法を非表示にするには、ブラウザから「スケッチ＊＊」を右クリックして「寸法を非表示」を選択します。

# 図面を作成する

続いて、図面を作成していきましょう。図面上に、正面図、平面図、右側面図、等角図を配置していきます。Fusion 360 では図面も１つのファイルになります。

## ▶ 図面設定

次に３章で作成したモデルから図面を作成してみましょう。

今のところ、制作加工する現場でパソコン上で図面を見ながらという使い方はされていません。印刷した図面で、制作加工することになります。しかしながら、Fusion 360 の図面作成機能は、あまり高機能ではありません。Fusion 360 だけではなく、多くの 3D-CAD 製品は 2D 図面の作成能力はあまり高くありません。

ここは割り切って、使いやすい機能だけを利用して、足りない機能は別のアプリケーションで処理するスタイルで使うのがよいでしょう。

また、Fusion 360 からは、直接プリンターを使って図面を印刷することはできません。PDF ファイルに出力して、インターネットブラウザや PDF ビューアで印刷するか、DWG ファイルに出力し、ほかの CAD やドローイングソフトで印刷します。

Fusion 360 は日本製のアプリケーションではないので、海外の図面の規格になっています。最初に、図面設定を行います。

ユーザー名のドロップダウンから、「基本設定」を選択します（**図 02-01**）。

**図 02-01** 「基本設定」を選択

「基本設定」ウィンドウが開くので、「一般」項目内の「図面」を選択し、**表 02-01** の設定を行います（**図 02-02**）。

| 項目 | 設定値 |
|---|---|
| 製図規格 | ISO |
| シートサイズ | A3 |
| 以下の形式の既定を<br>オーバーライドまたは復元 | チェックを入れる |
| 投影角度 | 第三角法 |

**表 02-01** 図面の設定項目

**図 02-02** 「基本設定」ウィンドウ

　なお、家庭で一般的に使用されているプリンターは、A4サイズですが、図面を印刷するのには用紙が小さくて使いにくいです。図面を多用される方は、A3以上のプリンターが必要になるでしょう。

　日用工作の場面では、あまり多く図面を印刷することはないと思います。そこで、A4プリンターしか持っていない場合、図面はA3以上のサイズで作成し、印刷時はプリンターやアプリケーションの印刷機能のポスター印刷を利用して、複数に分けて印刷し対応しましょう。

## ▶ 正面図・平面図・右側面図・等角図

　作成したアセンブリモデルを開いておきます。「ファイル」をクリックして、「新規図面」→「デザインから」を選択します（**図 02-03**）。

**図 02-03** 「デザインから」を選択

　保存の操作を行っていないと、保存するように促されます。「バージョンの説明を追加」ウィンドウが表示されるので、「バージョンの説明」を入力しておきます（**図 02-04**）。

**図 02-04** 「バージョンの説明を追加」ウィンドウ

「図面を作成」ウィンドウが表示されるので、「OK」をクリックします（**図02-05**）。

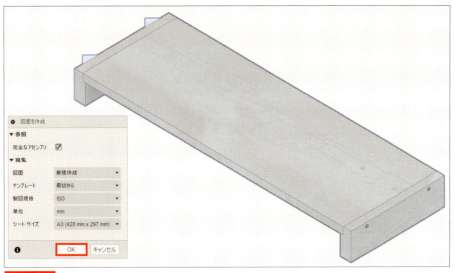

　表示されるまで時間がかかりますが、しばらくすると図面を作成するためのデザイン画面が新たに作成されます（**図02-06**）。

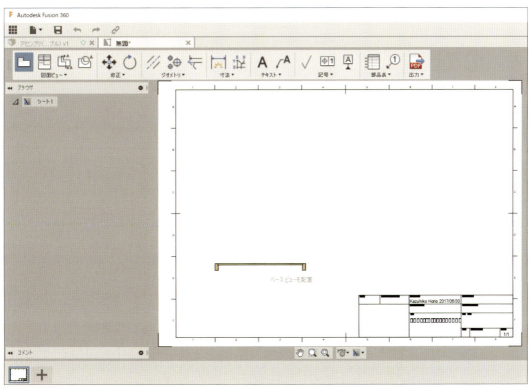

**図02-06** 図面作成のデザイン画面

マウスカーソルに、「ベースビュー」のデザインが表示されます。クリックして、「ベースビュー」を配置します。今回は、「ベースビュー」を正面図として使用するので、左下に配置します。右横に、側面図を配置する予定なので、右横に、側面図を配置する空間が開いていることを確認して、クリックします。

「図面ビュー」ウィンドウ内の「方向」の項目で、正面図の向きを指定し、「尺度」を確認し、ベースビューを配置します。「尺度」で「1：5」を選択していますが、1枚の図面に正面図、平面図、右側面図、等角図、詳細図を配置するためです。最後に「OK」を押して確定します（**図 02-07**）。

**図 02-07** ベースビューを配置

平面図、右側面図、等角図を配置していきます。「投影ビュー」を選択します（**図 02-08**）。

マウスカーソルに「親ビューを選択」と表示されるので、**図 02-07** で配置したベースビューをクリックして選択します（**図 02-09**）。

**図 02-08** 「投影ビュー」を選択

**図 02-09** ベースビューを配置

そのまま、マウスカーソルを上方向にマイカーソルを動かすと平面図が表示されます（**図 02-10**）。適当な場所でクリックして、平面図を配置します。

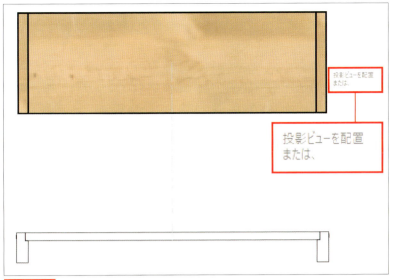

**図 02-10** 平面図が表示された

　続いて、ベースビューから<mark>右方向にマウスカーソルを動かすと右側面図が表示</mark>されるので（**図02-11**）、クリックして右側面図を配置します。

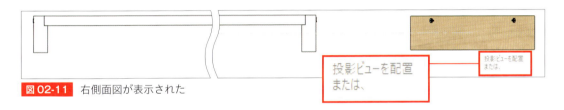

**図 02-11** 右側面図が表示された

　最後に、同じくベースビューから<mark>右斜め上方向にマウスカーソルを動かすと等角図が表示</mark>されるので（**図 02-12**）、クリックして等角図を配置します。

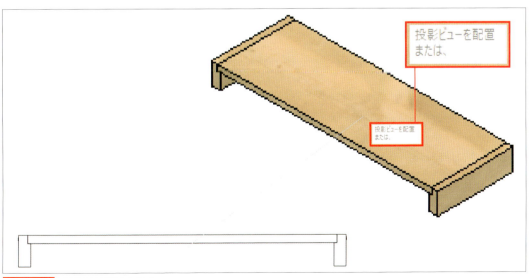

**図 02-12** 等角図が表示された

マウスをクリックするとその位置で確定します。右クリックして、マーキングメニューを表示して、「OK」を選択して、ツールを終了します（**図02-13**）。

これで、正面図、平面図、右側面図、等角図が配置できました（**図02-14**）。

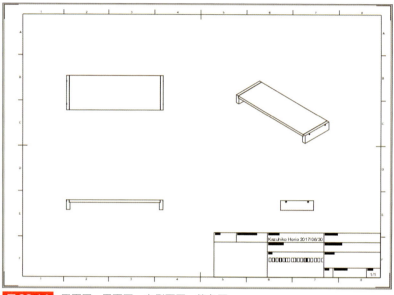

図02-14 正面図、平面図、右側面図、等角図

## ▶ 詳細図（部分拡大図）

続いて、詳細図を追加します。詳細図は、拡大する部分を、中心と半径を指定する円で、設定します。

「図面ビュー」から「詳細図」を選択します（**図02-15**）。

図02-15 「詳細図」を選択

カーソルに「親ビューを選択」と表示されるので、詳細図を作成する図、ここでは正面図をクリックして選択します（**図02-16**）。

図02-16 正面図をクリック

正面図を選択したあと、詳細図を作成したい部分にカーソルを近付けます。拡大する部分を中心と半径を指定する円で指定します。拡大したい中心をクリックして外側にドラッグし、半径を指定できたら再度クリックします（**図02-17**）。

　選択する際、<mark>スナップが邪魔になるときは、マウスのホイールを回転させ、表示を拡大</mark>してください。

境界の大きさを指定

ドラッグ

A

**図02-17** 拡大したい場所を指定

　すると、詳細図が作成されるので、配置したい場所までドラッグして、表示されている「図面ビュー」ウィンドウで「尺度」を指定して（ここでは「1：1」を選択）、「OK」をクリックします（**図02-18**）。

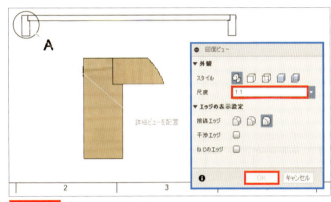

**図02-18** 「OK」をクリック

　詳細図が作成できました（**図02-19**）。なお、デザイン画面上にある、それぞれの図は、クリックして選択後に表示される■をドラッグすることで移動することができます。

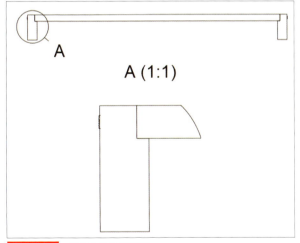

A (1:1)

**図02-19** 作成された詳細図

　同様の方法で、右側面図のネジの位置にも詳細図を作成します（**図02-20**）。

Chapter
4

図面・部品欄・分解図の作成

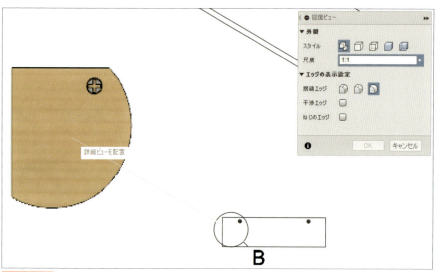

**図 02-20** 作成されたネジの位置の詳細図

## ▶ 寸法の記入

　寸法をどこに指定すればよいかは、かなり難しい問題です。

　実際に加工作業を行っている人が指定する位置が、最も適切といわれています。加工作業の際、図面を確認する視線の動きに合わせて、自然に目が行く場所に寸法を配置するのが一番よいからです。加工作業経験者は、寸法指定には、強いこだわりがあります。

　そのため、部品を加工する人が見やすく、間違いにくくなるような位置に寸法を配置する意識が大切です。さらに、計算しなくても寸法が確認できるための配慮も必要です。

　3D-CAD ではモデルの寸法が反映されるので、寸法の位置を指定するだけで、寸法の値はモデルから取得されます。

　ツールバーから「寸法」を選択します（**図 02-21**）。

**図 02-21**　「寸法」を選択

　寸法を指定したい点を選択します。正確に寸法表示を行うために、デザイン画面を十分に拡大し、緑の四角で示されるスナップが意図する場所に表示されたことを確認して、クリックします（**図 02-22**）。

**図 02-22**　最初の点を指定

もう一方の点を指定すると、寸法が表示されます（**図02-23**）。

そのまま、マウスを移動させ、寸法線・寸法補助線の位置を指定して完了です（**図02-24**）。

**図02-24**　寸法補助線

同様にツールバーから「寸法」を選択した状態で、モデルの線を選択しても寸法を指定することができます（**図02-25**）。

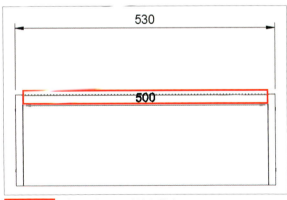

**図02-25**　線を選択して寸法を指定

必要な寸法をすべて指定します（**図 02-26**、**図 02-27**）。

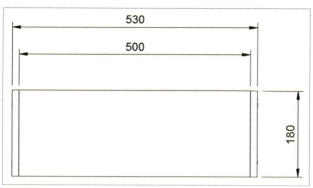

**図 02-26** 必要な寸法を入力した平面図

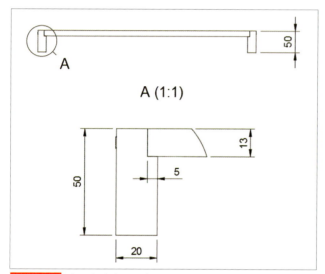

**図 02-27** 必要な寸法を入力した正面図と詳細図

次に、コースレッドの位置を示すための寸法を記入します。

さきほど使用した「寸法」は、線や点などを指定すると適切な寸法を記入する機能です。しかし、意図した寸法表記を指定することが難しい場合があります。そこで今回は、ツールバーから「寸法」の ▼ をクリックして「長さ寸法」を選択します（**図 02-28**）。

**図 02-28** 「長さ寸法」を選択

詳細図でコースレッドの中心を指定します。中心のもとになる円や円弧に、カーソルを重ねたあと、しばらく表示されます（**図 02-29**）。

**図 02-29** コースレッドの中心を選択

もう一方の点を指定します。側板の角を指定します（**図 02-30**）。

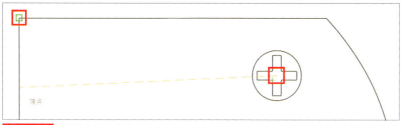

　寸法補助線の位置を指定し、同様の操作
で、もう一方の寸法も指定します（**図
02-31**）。最初にコースレッドの中心を指
定し、次に側板の角を指定したあと、カー
ソルのドラッグの方向を変えることで、短
辺と長辺が指定できます。

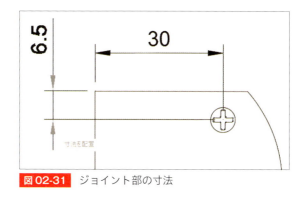

**図 02-31** ジョイント部の寸法

　すべての寸法の入力が完了すると**図 02-32** のようになります。

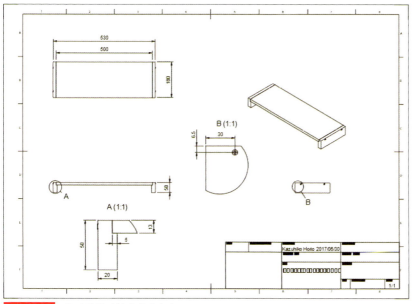

**図 02-32** すべての寸法を入力した

## ▶ 印刷

印刷する前に、作成した図面に名前を付けて保存します（**図02-33**）。

**図02-33** 保存ウィンドウにて名前を付ける

さきに説明したように、Fusion 360 には、プリンターへの印刷機能がありません。そのため、「PDF 出力」や「DWG 出力」を利用して、別ファイルに書き出し、ほかのアプリケーションで印刷することになります。ここでは、PDF に出力してみましょう。

ツールバーの「出力」の ▼ をクリックして、「PDF 出力」をクリックします（**図02-34**）。

**図02-34** 「PDF 出力」をクリック

「PDF 出力」ウィンドウが表示されるので、「OK」をクリックします（**図02-35**）。

**図02-35** 「PDF 出力」ウィンドウ

保存する場所を指定して、ファイル名を付けて保存します（**図 02-36**）。

ファイル名を付けて保存

保存した PDF ファイルを開いて、印刷を行います（**図 02-37**）。

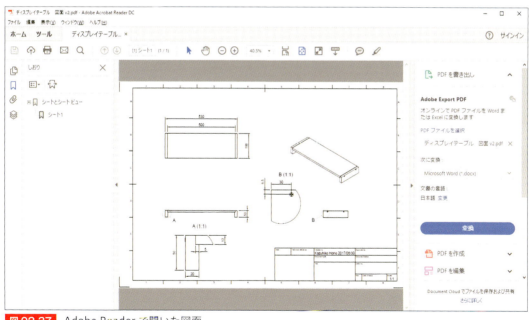

Adobe Reader で開いた図面

# 03 部品欄を作成する

図面が作成できました。続いて、部品欄を作成しましょう。Fusion 360 には部品欄を作成する機能があります。

## ▶ 表題欄への記入

Sec.02 で作成した図面のデザイン画面に戻ります。閉じてしまった場合、再度開いてください。右下に表示されている、図面の説明を記述するための枠は、表題欄と呼ばれます。ただし、ほとんどの欄が記入されていない状態です。

表題欄をクリックすると、表題欄が強調表示され、選択されます（**図 03-01**）。「Title」欄に、□が並んで表示されています。これは、枠からはみ出ていることを示しています。

**図 03-01** 表題欄を選択

表題欄に記入するには、表題欄が強調表示された状態で、ダブルクリックします。すると、「表題欄」ウィンドウが表示されるので、ウィンドウの内の項目に必要な内容を記述します（**図 03-02**）。このままでは、「Title」欄が、表示されないので、タイトル1を「ディスプレイテーブル」に変更しておきます。

**図 03-02**
「表題欄」ウィンドウ

## ▶ 部品欄の配置

ツールバーの「テーブル」から「テーブル」を選択します（**図03-03**）。

**図03-03** 「テーブル」を選択

部品欄が表示されるので、適当な場所をクリックして配置します（**図03-04**）。部品欄は、図枠とくっついていても、独立していてもかまいません。

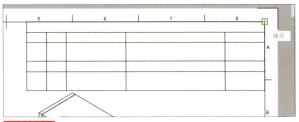

**図03-04** 部品欄を配置

部品欄が作成されます（**図03-05**）。部品欄内の項目には、部品欄を図面の上部に配置すると上から昇順に、下部に配置すると下から降順に、それぞれ番号がふられます。これは、手書きで図面を描いていた時からの慣習で、あとから部品を追加記入するための工夫です。

使用している部品の数を自動で数えてくれるので、手間が軽減できます。

部品欄をクリックすると、灰色の四角のアイコンが表示されます。これをドラッグすると枠の大きさを変更できます。部品欄内の「マテリアル」には、モデリングの際、「物理マテリアル」で指定した値が表示されます。

**図03-05** 作成された部品欄

## ▶ バルーンの配置

続いて、バルーンを選択します。ツールバーの「テーブル」から「バルーン」をクリックします（**図03-06**）。

**図03-06** 「バルーン」を選択

部品の稜線をクリックし、続いて、バルーンの位置をクリックして指定します（**図 03-07**）。
バルーンの番号は、部品表の番号に合わせて自動で表示されます。

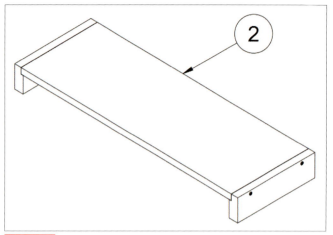

図 03-07　１つ目のバルーンを配置

部品表のすべての部品にバルーンを配置します（**図 03-08**）。Esc キーでツールを終了させます。

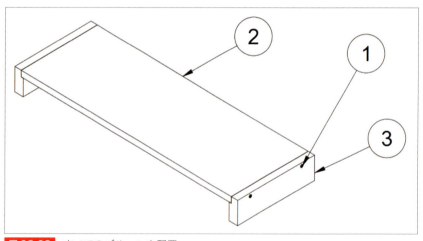

図 03-08　すべてのバルーンを配置

## ● 部品欄の記述内容の変更

部品欄内に表示される内容は、コンポーネントの情報から、自動的に取得されます。==部品欄に掲載される情報は、図面ファイルやアセンブリファイルからは変更できません。==コンポーネントファイルで指定する必要があります。

部品欄に掲載される情報を変更するには、コンポーネントファイルを開く必要があります。つまり、==図面を作成したアセンブリファイルから、アセンブリファイルで使用されているコンポーネントファイルまでたどって変更しなければなりません。==

データパネルから、コンポーネントファイルを開く方法もありますが、ここでは別の方法で開いてみましょう。

　アセンブリしたコンポーネントの数が多くなると、データパネルからではどのコンポーネントファイルを使用したのかわかりにくくなります。図面のブラウザから、コンポーネントを開くことができるとよいのですが、記事を作成した時点のバージョンでは、その機能は存在しません。そこで、まず、アセンブリファイルを開きます。

　図面を作成したアセンブリファイルをすでに閉じてしまった場合、データパネルから、コンポーネントファイルを開く方法もありますが、コンポーネントを開いた方法と同じようにブラウザから開いてみましょう。図面ファイルのブラウザから、図面を作成したアセンブリファイルを開くことができます（**図03-09**）。ブラウザの一番上の項目で、右クリックし、「開く」を選択します。

**図03-09** 図面ファイルからアセンブリファイルを開く

　次に、図面を作成したアセンブリファイルのブラウザから、コンポーネントファイルを開きます。（**図03-10**）。

**図03-10** アセンブリファイルのブラウザから該当のコンポーネントを右クリック

　コンポーネントファイルが開くので、ブラウザの最上位の項目で、右クリックし「プロパティ」を選択します（**図03-11**）。

**図03-11** 「プロパティ」を選択

「プロパティ」ウィンドウが表示されるので、「パーツ番号」と「説明」を変更することができます（**図03-12**）。「パーツ番号」は、通常、製品番号を入力すべきですが、日曜工作では、区別ができればなんでもよいでしょう。

**図03-12** 「プロパティ」ウィンドウ

ここでは、「パーツ番号」を「側板」に変更します（**図03-13**）。変更したら上書き保存してデザイン画面を閉じます。

**図03-13** 「パーツ番号」を側板に変更

これで「パーツ番号」が変更されましたが、図面には反映されません。

今度は、さきほどとは逆に、コンポーネントファイルから、アセンブリファイル、そして、図面ファイルの順に更新し、保存していく必要が必要です。さて、コンポーネントファイルでは、すでに作業が終了しているので、次は、アセンブリファイルの作業です。

アセンブリファイルに戻ると、「コンポーネントが最新でない」と警告が表示されます（**図03-14**）。P.105で解説した方法で最新の情報に更新を行ってください。

**図03-14** アセンブリファイルに警告が表示される

更新を完了してアセンブリファイルを上書き保存します。

アセンブリファイルの上書き保存後、図面に戻ります。すると、「コンポーネントが最新でない」と警告が表示されます（**図03-15**）。図面も最新の情報に更新を行ってください。

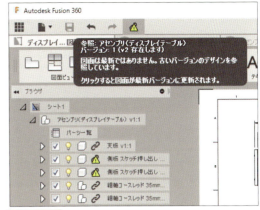

**図03-15** 図面に警告が表示される

これで部品欄の内容を変更することができました（**図03-16**）。

| 項目 | 数量 | パーツ番号 | 説明 | マテリアル |
|---|---|---|---|---|
| 1 | 4 | 細軸コーススレッド 35mm v1 | | 鋼、クロムめっき |
| 2 | 1 | 天板 v1 | | マツ材 |
| 3 | 2 | 側板 | | マツ材 |

**図03-16** 部品欄内のパーツ番号が変更された

## ▶ マテリアルの定義

部品欄の「マテリアル」も、図面ファイルやアセンブリファイルからは変更できません。コンポーネントファイルで変更する必要があります。

コンポーネントファイルを開いて、第2章 Sec.01（P.39）で解説した方法で、マテリアルを変更します。コンポーネントファイルのマテリアルを変更した場合、アセンブリファイルと図面ファイルそれぞれを更新します。すると、部品欄の「マテリアル」も変更されます。

部品欄には表示されていない物理マテリアル名や表示マテリアルの定義は、「マテリアルの定義」から行うことができます。

コンポーネントファイルを開いて、ツールバーの「修正」から「マテリアルを管理」を選択します（**図03-17**）。

**図03-17**
「マテリアルを管理」を選択

マテリアルブラウザが開くので、新しいマテリアルを定義する、あるいは、既存のマテリアルのパラメータを変更することができます。物理マテリアルと外観マテリアルの両方が設定できます（**図03-18**）。

**図 03-18** マテリアルブラウザで変更

これで部品欄は完成です。コンポーネントファイルを保存して、閉じておきましょう。

SECTION

# 04 分解アニメーション

部品表が完成したので、次に分解図を作成します。分解図を作成するには、分解アニメーションを使う必要があります。

## ▶ 分解アニメーションの種類

　続いて、分解図を作成します。「さっそく分解図を作成！」と行きたいところですが、分解図を作成するには、分解アニメーションを作成する必要があります。ここでは、分解アニメーションを理解しましょう。

　最初に、アセンブリを行ったファイルを開きます（**図 04-01**）。

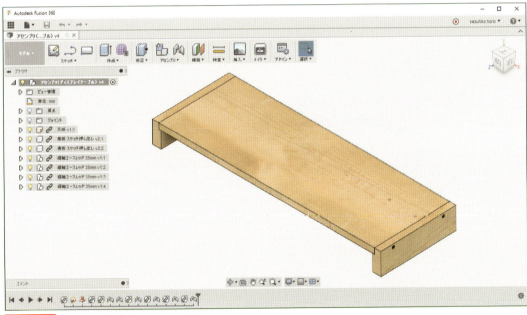

**図 04-01**　アセンブリを行ったファイル

「アニメーション」をクリックして、ア
ニメーション作業スペースに移動します
（**図04-02**）。

図04-02 「アニメーション」を選択

　アニメーション作業スペースに移動すると、下部に「アニメーションタイムライン」が表示され、
モデルが画面いっぱいに表示されます（**図04-03**）。タイムラインの「1」の目盛りの位置にあ
るアイコンを再生ヘッドと呼びます。目盛りはアニメーションの再生時間の経過を示します。また、
アニメーションは指定された時間内に等速で変化します。

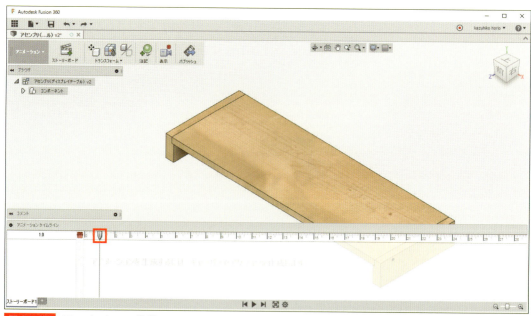

図04-03 アニメーション作業スペース

　アニメーションがスタートする際のモデルの状態
を変更したい場合、下部に表示される「アニメー
ションタイムライン」上で再生ヘッドのアイコンを
ドラッグして、左端のカーテンに移動します（**図
04-04**）。

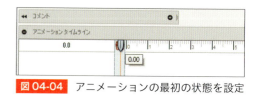

図04-04 アニメーションの最初の状態を設定

Chapter
**4**

図面・部品欄・分解図の作成

「アニメーションタイムライン」の**図 04-04** の位置で、アニメーションが開始する際のモデルの大きさや向きを変更しておきます。コンポーネントが分解するので少し小さめにしておきます（**図 04-05**）。

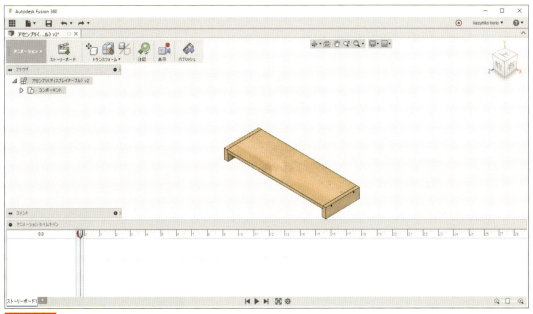

**図 04-05** モデルの大きさと方向を変更

それではアニメーションを設定していきます。再生ヘッドをドラッグして移動させます（**図 04-06**）。移動させた分が、アニメーションが変化する時間を表します。それ以前の状態から、この時間をかけて変化するということです。

再生ヘッドを移動させたあと、モデルを回転、移動、拡大縮小すると、再生ヘッドで指定した時間を使って等速で移動することを指定したことになります。

**図 04-06** 再生ヘッドのアイコンをドラッグ

次から再生されるアニメーションを指定していきましょう。

分解アニメーションは、コンポーネントを移動させるアニメーションです。タイムラインの再生ヘッドの位置の指定に基づいて、アニメーションが実行されます。

分解アニメーションの種類は、ツールバーの「トランスフォーム」から選択します。**表 04-01** の種類があります。それぞれの機能を確認していきます。

| メニュー名 | 内容 |
|---|---|
| コンポーネントを移動 | 指定した位置にコンポーネントが移動 |
| ホームの復元 | 分解したコンポーネントの位置を元の位置に戻す |
| 自動分解：1レベル | 段階順にアセンブリが分解する |
| 自動分解：すべてのレベル | 一度にコンポーネントがすべてバラバラになる |
| 手動分解 | マニュアルで分解を指示する |

**表 04-01** 分解アニメーションの種類

# ● 自動分解：1レベル

ブラウザで、アセンブリした<mark>コンポーネントの1つ上の階層のコンポーネントを選択</mark>します（**図04-07**）。

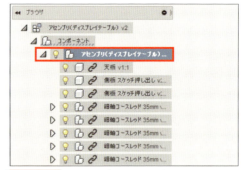

**図04-07** アセンブリのコンポーネントを選択

続いて、ツールバーの「トランスフォーム」から「自動分解：1レベル」を選択します（**図04-08**）。

**図04-08** 「自動分解：1レベル」を選択

アセンブリで組み立てたコンポーネントが分解され、分解方法を制御するツールバーが表示されます（**図04-09**）。

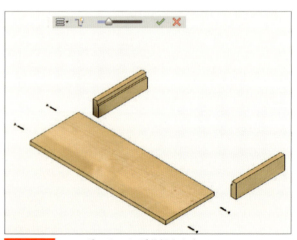

**図04-09** コンポーネントが分解された

ツールバーの左端のアイコンをクリックすると、すべてのコンポーネントを一度に分解する「ワンステップ分解」と、ひとつひとつ順番に分解する「順次分解」を選択できます（**図04-10**）。

**図04-10** 「ワンステップ分解」と「順次分解」を選択できる

図 **04-11** が「ワンステップ分解」を選択した際のタイムラインです。また、**図04-12** が「順次分解」を選択した際のタイムラインです。

**図04-11** 「ワンステップ分解」のタイムライン　　**図04-12** 「順次分解」のタイムライン

ツールバーの左端から2番目のアイコンは「基準線の表示設定」です（**図04-13**）。「基準線の表示設定」を選択すると、分解の際にコンポーネントが移動した軌跡が線で表示されます。

**図04-13** 「基準線の表示設定」のアイコン

ツールバーのスライダーは「分解の尺度」です（**図04-14**）。分解する際にコンポーネントをどこまで移動するかを指定します。スライダーを右に動かすと、コンポーネントはより遠くに移動します（**図04-15**）。

**図04-14** 「分解の尺度」のアイコン

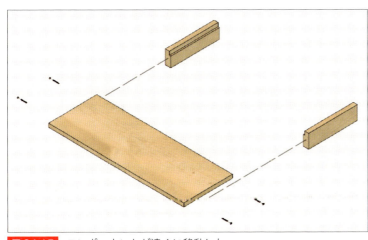

**図04-15** コンポーネントが遠くに移動した

設定が完了したら、グリーンのチェックマークをクリックして終了します。

タイムライン下部中央のアニメーション再生のコントローラーから「現在のストーリーボードを再生」をクリックすると、分解アニメーションが再生されます（**図04-16**）。

**図04-16**
アニメーションが開始された

アニメーションをうまく使えば、モデリングしたデザインを効果的にプレゼンテーションができる可能性がありますが、ここでは、分解図作成のために分解アニメーションを作成しているので、詳細の動作まで確認しません。

いったん「元に戻す」をクリックして、設定した「自動分解：1レベル」を解除しておきます（**図04-17**）。

**図04-17**

操作を元に戻してアニメーションの設定を解除する

## ▶ 自動分解：すべてのレベル

続いて、「自動分解：すべてのレベル」の動作を確認してみます。

アニメーションを再生したい時間分、再生ヘッドをドラッグして移動させます。続いて、さきほどと同じように最上位のコンポーネントを選択します。続いて、「自動分解：すべてのレベル」を選択します（**図04-18**）。

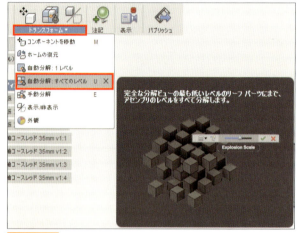

**図04-18** 「自動分解：すべてのレベル」を選択

「自動分解：すべてのレベル」を選択すると**図04-19**のようになります。

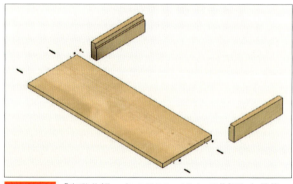

**図04-19** 「自動分解：すべてのレベル」で分解した状態

コースレッドも、構成する3つのコンポーネントに分解されます（**図04-20**）。

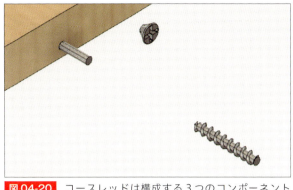

**図04-20** コースレッドは構成する3つのコンポーネントに分解される

## ▶ 手動分解

次に、「手動分解」の動作を確認してみます。手動分解は、自動分解と異なり、あらかじめ、ブラウザで分解するコンポーネントを選択しておく必要はありません。

再度「元に戻す」をクリックし、アニメーションを再生したい時間分、再生ヘッドをドラッグして移動させ、続いて、「手動分解」を選択します（**図04-21**）。

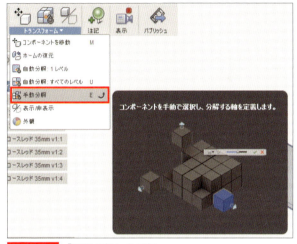

**図04-21** 「手動分解」を選択

アセンブリしたモデルの中で動かしたいコンポーネントを、ブラウザ上でクリックして選択します。次に、分解するコンポーネントの分解方向を指定します。コンポーネントを指定したら、分解方向を示す矢印を選択します（**図04-22**）。

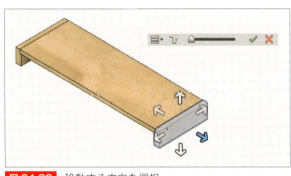

**図04-22** 移動する方向を選択

次に、スライダーで移動する距離を指定します（図04-23）。

図 04-23　移動する距離を設定

なお、「手動分解」や次に説明する「コンポーネントを移動」では、移動させるコンポーネントをユーザー側で指定します。アセンブリモデルの画像で、コンポーネントをクリックして選択するために表示倍率を操作したり、モデルの向きを変更したりすることがあります。

表示倍率やモデルの向きを変更すると、その変更も「アニメーションタイムライン」に記録されます。すると「アニメーションタイムライン」に「表示」という「項目」が現れます。そして、「表示」のタイムラインにビデオカメラのアイコンが表示されます。

表示倍率やモデルの向きの変更を再生したくない場合、ビデオカメラアイコンを右クリックして「削除」を選択しましょう（図04-24）。

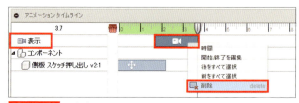

図 04-24　ビデオカメラアイコンを右クリックして表示されるメニュー

この操作が面倒な場合、移動させるコンポーネントを選択する際、ブラウザでコンポーネントをクリックして選択しましょう。そのあと、選択したコンポーネントにアニメーションの動作を設定するとかんたんです。

## ▶ コンポーネントを移動

「自動分解」では、移動量が限られています。より多く移動させたいときは、「コンポーネントを移動」で移動させます。再度「元に戻す」をクリックし、アニメーションを再生したい時間分、再生ヘッドをドラッグして移動させ、続いて、「コンポーネントを移動」を選択します（図04-25）。

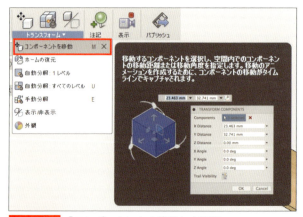

図 04-25　「コンポーネントを移動」を選択

移動させるコンポーネントを選択し、操作ハンドルをドラッグして移動させ、「コンポーネントを移動」ウィンドウの「OK」をクリックし確定します（**図04-26**）。この操作を移動させたいコンポーネントの数だけ繰り返します。

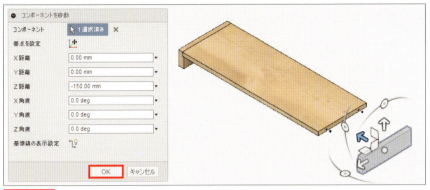

**図04-26** 「コンポーネントを移動」ウィンドウ

　再生ヘッドをアニメーションタイムラインの赤いカーテンにドラッグして戻し、再生ボタンを押すと、分解アニメーションが再生されます（**図04-27**）。

**図04-27**

コンポーネントを移動アニメーションが実行された

## ▶ ホームを復元

　今回は分解状態を作成することが目的ですので、必要ありませんが、「ホームを復元」を使用すると、設定したアニメーションによって分解したコンポーネントを元の位置に戻すことができます（**図04-28**）。アニメーションをループ再生する際に便利な機能です。

　「ホームを復元」を選択した場合、元の位置に戻すコンポーネントをブラウザで指定する必要があります。すべてのコンポーネントを元に戻すのであれば、ブラウザでコンポーネントの1つ上の階層のコンポーネントを選択してから、「トランスフォーム」から「ホームを復元」を選択します。

　再生すると、分解されたコンポーネントが元の配置に戻ります（**図04-29**）。

**図04-28** 「ホームを復元」を選択

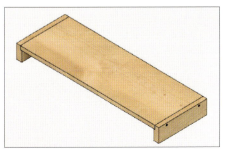

**図04-29** 元の位置に戻った

## ▶ 分解図のためのアニメーション作成

　これまでの説明で、ツールバーの「トランスフォーム」内のメニューと分解アニメーションについて理解できたと思います。

　それでは、「コンポーネントを移動」を使用して、分解図のためのアニメーションを作成します。==ストーリーボードの最後の配置の状態から、分解図は作成==されます。そのため、ストーリーボードの最後で分解図にしたい配置にする必要があります。つまり、途中のアニメーションは必要ありません。

　ビューキューブのホームボタンをクリックし向きを変え、「アニメーションタイムライン」で再生ヘッドの位置をカーテンのアイコンに移動します（**図04-30**）。これが、アニメーションを開始時の状態になります。

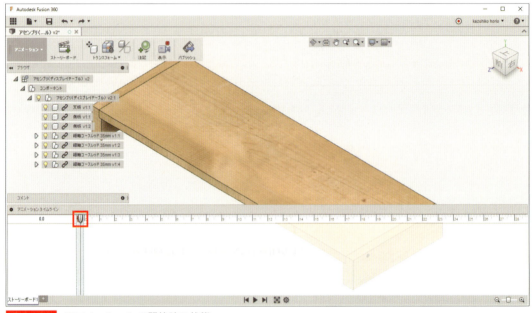

**図04-30**　アニメーションの開始時の状態

　「アニメーションタイムライン」が邪魔な場合、左側の「−」をクリックして最小化しておきましょう（**図04-31**）。元に戻す場合、「＋」をクリックします（**図04-32**）。

**図04-31**　最小化ボタン

**図04-32**　最小化されたアニメーションタイムライン

　再生ヘッドを移動したあと、モデルを縮小して向きを変えます。分解図を作成する向きにします（**図04-33**）。

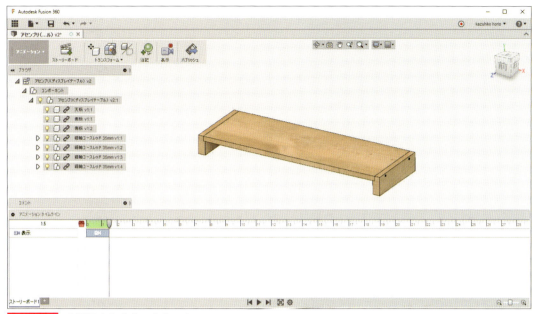

**図 04-33** 分解図を作成する向きにする

　最初に、コースレッドを移動します。まず、ブラウザから、片側のコースレッドを2つとも選択します。<mark>複数選択する際は、Ctrl キーを押しながら選択</mark>します（**図 04-34**）。選択後、トランスフォームの「コンポーネントを移動」をクリックします。

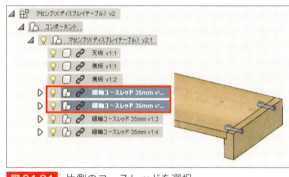

**図 04-34** 片側のコースレッドを選択

　選択したコースレッドを移動します（**図 04-35**）。

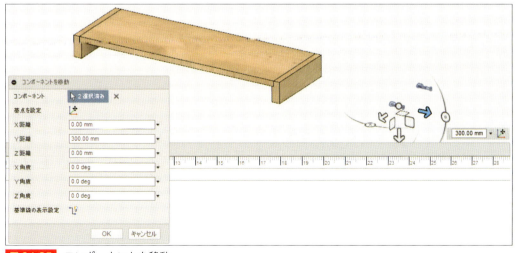

**図 04-35** コンポーネントを移動

タイムラインの再生ヘッドを移動します（**図04-36**）。そして、側板を選択したあと、トランスフォームの「コンポーネントを移動」をクリックします。

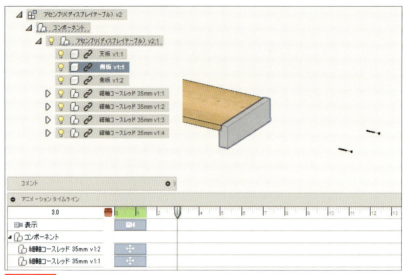

**図04-36** 側板を選択

側板を移動します。**図04-37** のように配置します。

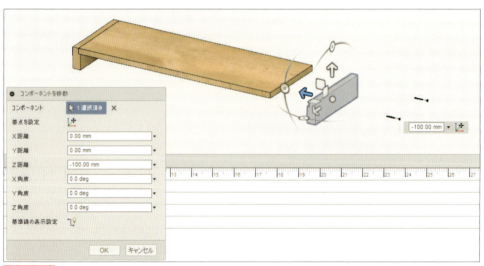

**図04-37** 側板を移動する

同様の操作で、反対側のコースレッドと側板を移動し、分解した状態にアニメーション完成させます（**図04-38**）。ここでの目的は、分解図を作成することです。そのため、最後の状態が、分解図の状態になっていればよいので、途中のアニメーションはどうなっていてもかまいません。

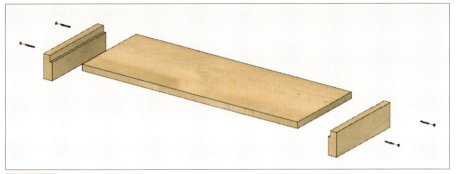

図 04-38 分解した状態を完成させる

## ▶ パブリッシュ

分解したアニメーションを動画として保存したい場合、ツールバーから「パブリッシュ」を選択します（**図 04-39**）。

図 04-39　「パブリッシュ」を選択

「ビデオキャプション」ウィンドウが表示されます（**図 04-40**）。

図 04-40　「ビデオキャプション」ウィンドウ

「ビデオの解像度」を設定し、「OK」をクリックします。すると、「名前を付けて保存」ウィンドウが表示されます。「ローカルコンピュータに保存」のチェックボックスにチェックを入れるとクラウドだけでなく、ローカルコンピュータにも保存できます（**図 04-41**）。

**図04-41** 「名前を付けて保存」ウィンドウ

# 05 分解図を作成する

分解アニメーションが完成したので、いよいよ分解図の作成です。Sec.04 にて作成した分解アニメーションの最終的な形で分解図が作成されます。

## ▶ 分解図の作成

いよいよ、分解アニメーションの最後の配置（**図 05-01**）から分解図を作成します。

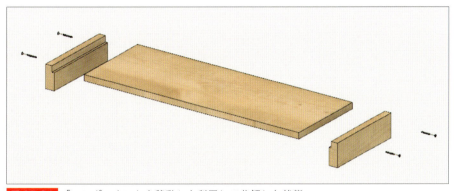

**図 05-01**　「コンポーネントを移動」を利用して分解した状態

「ファイル」から「新規図面」→「アニメーションから」を選択します（**図 05-02**）。

デザインファイルの保存が求められるので、バージョンの説明を入力し保存します（**図 05-03**）。

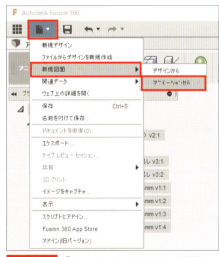

**図 05-03**　「バージョンの説明を追加」ウィンドウ

**図 05-02**　「アニメーションから」を選択

「図面を作成」ウィンドウが表示されるので、「OK」をク
リックします（**図05-04**）。

**図05-04** 「図面を作成」ウィン
ドウ

　図面が表示されるまで、少し時間がかかります。

　図面が表示されたら、図面にうまく収まるように、「図面ビュー」ウィンドウにて「尺度」を選
択し、分解図をドラッグして配置したい位置でクリックします。最後に、「図面ビュー」ウィンド
ウの「OK」をクリックします（**図05-05**）。

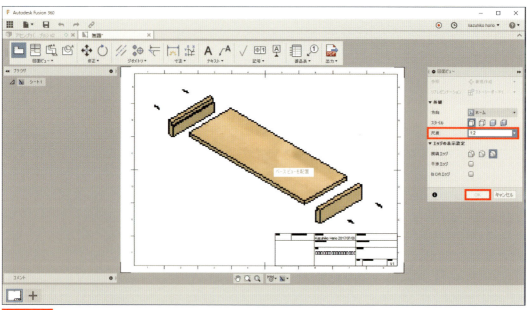

**図05-05** 図面が表示された

　分解図が作成できました（**図05-06**）。図面上の操作は第4章 Sec.02（P.115）と同様です。名
前を付けて保存しておきましょう。

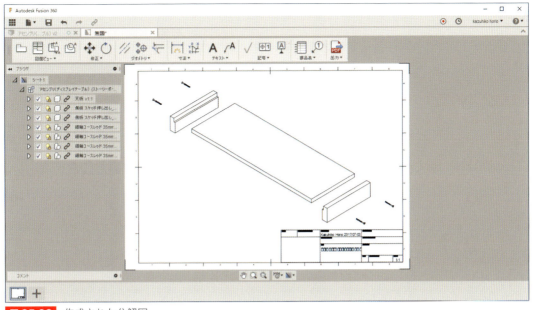

**図 05-06** 作成された分解図

　なお、Fusion 360 には、図面を印刷する方法は、用意されていません。印刷する場合、「出力」をクリックして「PDF 出力」や「DWG 出力」を選択してファイルとして書き出し、そのファイルを別のアプリケーションを使って印刷してください。

## ▶ 分解図の編集

　分解図も図面です。図面で利用できる機能は、同じように利用できます。表題欄をダブルクリックして、必要な内容を変更します。タイトルは、枠より大きいと表示されないので分割しておきましょう（**図 05-07**）。

**図 05-07** 表題欄を修正する

ツールバーから「ベースビュー」をクリックして、ベース
ビューを追加することで、三面図と分解図を共存させること
もできます（**図 05-08**）。

**図 05-08** 「ベースビュー」を追加

もちろん、部品欄もバルーンも追加できます（**図 05-09**）。

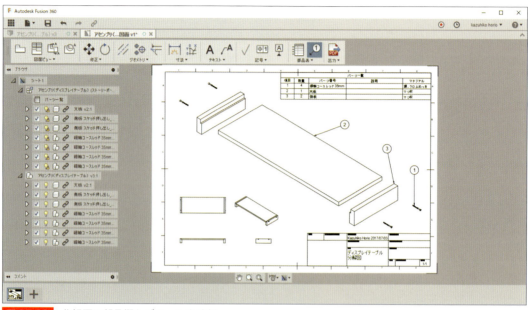

**図 05-09** 分解図に部品欄とバルーンを追加

Chapter
**4**

図面・部品欄・分解図の作成

# 棚（スパイスラック）の モデリング

# SECTION 01 完成図と材料

木工品の日用工作でまず作成したいと考えるのは、棚だと思います。日常のこまごましたものを収納したい、部屋のスペースにきっちり格納したい。そのための棚を自分で作成したいと思うこともあります。

## ▶ 作成する棚

実際に日用工作で棚を作成すると、期待した形ではないものができあがることがあります。そのため、かんたんなイラストではなく、きちんと設計図を書いてから作成したいと思うことがあります。ただし、日用工作で作成する木工品とはいえ、設計図を作成することは、敷居の高いものです。

今回、Fusion 360 を使って、右のような棚（スパイスラック）を作ってみることにします（**図 01-01**）。

今まで作成したディスプレイテーブルと異なり、コンポーネントの点数も多く、かつ複雑な加工も行うため、操作手順が多くなります。そのため、スパイスラックの作成は、第5章と第6章に分けて解説します。

第5章では、最初に、コンポーネントをモデリングしてみましょう。

**図 01-01** 完成予想図

## ▶ 材料

木工品では、材料の木材の寸法と価格を考えて、作るものを考えます。

ホームセンターで購入すると、木材は予想よりも高価なことにびっくりします。幅が広く、ある程度の厚みがある節のない板、いくつもの木片で構成された集成材などでは、数枚買うと、ほとんどの場合、低価格な家具を購入するよりも高く付きます。また、リサイクルショップで、中古の家具を材料に使おうとすると、材料として使われている木材が固くて切断するのが大変です。

本書では、材料が比較的、安価に入手できることから、表面が加工されていない荒材を使うこと

を想定しています。ここでは、野地板を使用することを考えています。

野地板の本来の用途は、屋根の下地材です。低価格で、比較的入手しやすい杉の板材です。また、杉材は、柔らかく切断が容易です。

野地板には、いくつかの大きさがあります。**表01-01** が代表的な野地板の寸法です。

| 長さ | 幅 | 厚さ |
|---|---|---|
| 1820 | 180 | 12 |
| 1820 | 150 | 12 |
| 1820 | 120 | 12 |
| 1820 | 90 | 12 |

**表01-01** 代表的な野地板の寸法（単位：mm）

今回は、幅120mmの野地板を使用します。

また、野地板は表面処理はされていないので、加工が必要になります。代表的な表面加工方法には **表01-02** のものが挙げられます。

| 種類 | 備考 |
|---|---|
| カンナがけ | 杉は柔らかいので、きちんと刃を研いで使用しないと表面が荒れる |
| サンドペーパーをかける | 回転式のベルトサンダーが効率的 |
| バーナーであぶる・ワイヤブラシでこする | 容易な加工方法 |

**表01-02** 代表的な表面加工

次に、野地板を扱う上での注意点を挙げておきます。

野地板は乾燥させていません。家具の本では、きちんと乾燥させてある材料を使うことが推奨されていますが、乾燥すると板が反ります。

今回は、完全に乾燥する前に組み立てることを想定します。節や割れを避けて、材料を切り出し、多少ネジれていても、クランプで仮止めし、木工ボンドとコースレッドで固定してしまいましょう。端が内側に反るように材料を使うのがポイントです。

野地板を木目に沿って切断するとき（縦引き）と木目を横切って切断する（横引き）ときで、異なるのこぎりを使用する必要があります。また、どちらにも使える（縦、横、ななめ引き）のこぎりがあります。横引き用の刃で縦引きをすると、のこぎりの歯の間に、切りくずが挟まり、切りくずを取り除かないと切れなくなります。

木材を切断するときは、切断する木材を手や足で押さえるよりも、クランプで固定したほうが安全です。

## ▶ 作成するコンポーネントの寸法

野地板の厚さは、12mm を想定していますが、これから行うモデリングでは、表面加工で厚みが薄くなると考えて、11mm の厚みの板として考えてモデリングします。

ご自身で入手する材料に合わせて、寸法を変えてモデリングすることも考えてみてください。同様に、幅も表面加工後に、細くなると考えます。

その結果、野地板の表面加工後の寸法を116mm×11mm（幅×厚み）としてモデリングすること

にします。

　それでは、今回作成する棚（スパイスラック）に必要な部品（コンポーネント）を紹介します。Sec.02 以降、**表 01-03** の寸法のコンポーネントを作製していきます。

| 用途 | 数量 | 寸法（㎜） |
|---|---|---|
| 側板 | 2 | 900 × 116 × 11 |
| 棚板（引出部の上下に使用） | 3 | 278 × 116 × 11 |
| 棚板（落下防止付） | 3 | 278 × 94 × 11 |
| 棚板落下防止板（前面） | 3 | 278 × 20 × 11 |
| 棚板落下防止板（背面） | 3 | 278 × 35 × 11 |
| 引き出し部前面板（取手付き） | 2 | 276 × 63 × 11 |
| 引き出し部背面 | 2 | 254 × 63 × 11 |
| 引き出し部側面 | 4 | 105 × 63 × 11 |
| 引き出し部底面 | 2 | 254 × 94 × 11 |

**表 01-03** スパイスラックに必要なコンポーネント

# 02 側板

1つのデザインファイル内で、複数のコンポーネントをモデリング・配置する方法もありますが、本書では、コンポーネントひとつひとつをモデリングし、そのあとアセンブリ機能で組み立てます。最初に側板をモデリングします。

## ● モデリングする準備

「ファイル」をクリックして「新規デザイン」を選択し、新しいデザインファイルを作成します。

モデリングの基準として使用するために、ブラウザから原点を表示し、基準平面は、非表示にします（図 02-01）。

図 02-01　基準軸を表示する

ツールバーから「スケッチを作成」を選択します（図 02-02）。

図 02-02　「スケッチを作成」を選択

図 02-03 のように、スケッチする平面をクリックして選択します。

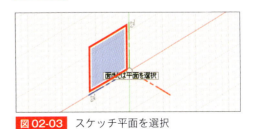

図 02-03　スケッチ平面を選択

スケッチ平面が選択されたら、「スケッチパレット」ウィンドウを開き（**図02-04**）、「スケッチグリッド」のチェックを外して、表示を解除します（**図02-05**）。

スケッチグリッドが表示されていると、スケッチが描きづらいので通常は非表示で使用します。

**図02-04** スケッチパレットを開く　　**図02-05** スケッチグリッドを非表示にする

## ▶ 側板をモデリング

ツールバーの「スケッチ」から、「長方形」→「中心の長方形」
を選択します（**図02-06**）。

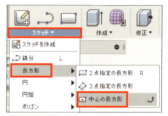

**図02-06** 「長方形」→「中心の長方形」を選択

マウスカーソルに「中心点を配置」と表示されるので、「原点」をクリックして選択します。カーソルを動かすと長方形が作成されるので、**図02-07**のとおり、高さと幅を入力します。フォーカスは、[Tab]キーで移動します。[Enter]キーを押すと確定し、寸法拘束が同時に指定されます。「スケッチを停止」をクリックして、スケッチを終了します。

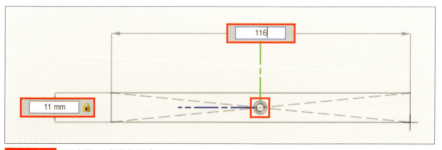

**図02-07** 長方形の寸法を入力

ビューキューブのホームボタンをクリックして、図形の向きを変えて、ツールバーの「作成」から「押し出し」を選択します。

「押し出し」ウィンドウが開くので、作成した長方形をクリックして選択して、「方向」に「対象」、「計測」を「全体の長さ」、「距離」に「900」を指定し、「OK」をクリックし確定します（**図02-08**）。

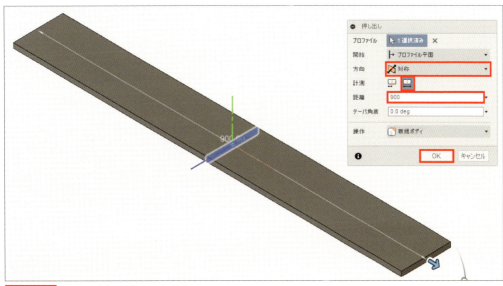

**図02-08** 長方形を押し出して立体化

## ▶ マテリアルの設定

　次に、物理マテリアルを指定します。ツールバーの「修正」から「物理マテリアル」を選択します（**図02-09**）。

**図02-09** 「物理マテリアル」を選択

「物理マテリアル」ウィンドウが開きます。残念ながら、「木材」ライブラリに「杉」が無いので、「木材」をブラウザの「ボディ」にドラッグ＆ドロップします（**図02-10**）。「閉じる」をクリックしてウィンドウを閉じます。

ブラウザで「原点」を非表示にし完成です（**図02-11**）。

**図02-11** ブラウザで原点を非表示設定にする

**図02-10** 「木材」をブラウザの「ボディ」にドラッグ＆ドロップ

最後に、メニューバーの「保存」をクリックして、ファイルを保存します（**図02-12**）。第4章まで利用していたのとは異なるフォルダを、新規に作成して（「スパイスラック」フォルダ）、そのフォルダに保存しましょう。ファイル名は「900 × 116 × 11（穴無）」と、板の寸法を示す名称で保存します。

**図02-12** 「保存」をクリック

**図02-13** 「スパイスラック」フォルダを作成して保存

# 03 複数の穴を開ける

次に、コースレッド用の下穴のスケッチを作成します。「穴を開ける」ために、複数の方法があります。ここでは、一番わかりやすい方法を解説することにします。別の方法もこの Sec. の最後（P.170）でかんたんに紹介します。

## ▶ スケッチ平面を指定

では、Sec.02 で作成した側板に穴を開けるモデリングを行っていきます。

ツールバーから「スケッチを作成」を選択し、XZ 平面をクリックして、スケッチ平面に指定します（**図 03-01**）。

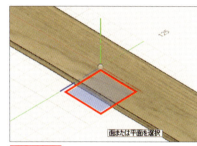

**図 03-01** XZ 平面をスケッチ平面に指定

**図 03-01** をよく見ると、スケッチ平面は、表面ではなく、板の中心にあります。これは、板の中心にスケッチすることで、板の厚さが変化しても形状が破たんしないための工夫です。

次に側板に、コースレッドで固定するための穴を開けます。

組み立て式の家具でない限り、下穴の位置をきっちり書き込むことには、違和感があるかと思います。

日用工作での作業では、適当な位置に下穴を開け、そのままクランプで固定し、最終的にコースレッドで固定します。正確な位置に正確な角度で穴を開けるためには、ボール盤などを使用する必要がありますが、日用工作のためにボール盤を用意するのは堤実的ではありません。

今回開ける穴は、実物の組み立てを意識したものではなく、あとで行うアセンブリ操作の際に、ジョイントを固定するジョイントの原点を発生させるためのものです。

## ▶ 3D-CAD で複数の穴を作成する方法

3D-CAD で複数の穴を作成するには、次の 3 つが考えられます。

1. スケッチで、すべての穴をひとつひとつ描いて、押し出して穴を作成
2. スケッチで、1つの穴を描いて、その穴をパターン複写で複数配置し、押し出して穴を作成
3. 1つの穴を押し出しまで行い完成させ、その穴をパターン複写で複数配置

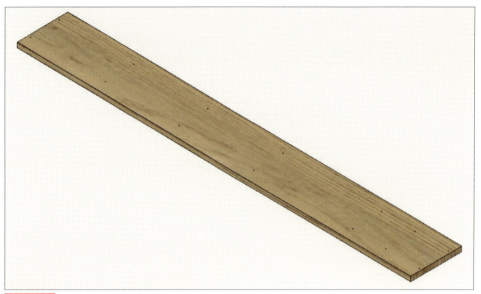

**図 03-02** 側板に複数の穴を開けた状態

3D-CAD では、<mark>モデリングした形状の再利用、つまり修正して別のところで利用することを常に意識</mark>する必要があります。あとから、寸法変更やデザインを変更したときに、<mark>できるだけ少しの手間で変更できるようにあらかじめ考えておく</mark>ことが求められます。

「パターン複写」を利用して、複数の穴を開けると、複写元の穴を修正した場合、自動でコピーされた穴にも修正が反映されるので、効率的です。

そのため、3番目の方法が推奨されます。しかし、目的は、日用工作です。寸法の変更は、あまり行われないと思います。

そこで本書では、もっとも感覚的に理解しやすい1番目の方法で穴を作成します。

## ▶ 交差の利用

ツールバーの「スケッチ」から「プロジェクト / 含める」→「交差」を選択します（**図 03-03**）。「交差」は、モデリングした立体とスケッチ平面にて描く線が交差する点をスケッチに利用します。

**図 03-03** 「プロジェクト / 含める」の「交差」を選択

「交差」ウィンドウが開くので、「選択フィルタ」に「ボディ」を指定し、続けて側板をクリック

します。すると、モデリングした側板の周囲にえんじ色の輪郭が付きます。「OK」を押して、「交差」ウィンドウを閉じます（**図03-04**）。

**図03-04** ボディの交差を取得する

　ブラウザで、「ボディ」の電球アイコンをクリックして非表示にすると、えんじ色の長方形が描かれていることが確認できます（**図03-05**）。

**図03-05** ボディを非表示にする

## ▶ 作図線の利用

　今回描くスケッチは、コースレッドを使って棚板を固定するための下穴です。下穴を作成するのは、実際の工作時にスパイスラックを組み立てるためではなく、Fusion 360のアセンブリ機能で組み立てるために必要になるからです。

　アセンブリで位置をスナップして指定するには、「ジョイントの原点」が必要です。今回の下穴は「ジョイントの原点」を指定するためのものです。

　下穴の位置をよりかんたんに指定するために、作図線を使用します。作図線の位置を指定し、その交点に、下穴を開けることにします。ツールバーから「線分」を選択します（**図03-06**）。

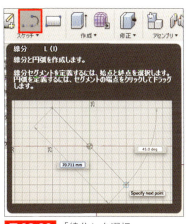

**図03-06** 「線分」を選択

まずは、正確な位置は気にせずに、縦7本の垂直線、横2本の水平線を描きます。線を描き終えたら、 Esc キーを押して「線分」ツールを終了します（**図03-07**）。

　自動で拘束が追加されます。この時に挿入された拘束を自動拘束と呼びます。自動拘束が適切に追加されるようにモデリングを行い、手動で修正する必要が少なくなれば、スケッチの効率が上がります。

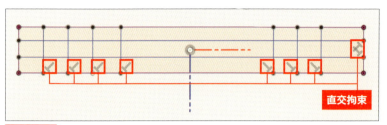

**図03-07**　線分を描く

## ▶ 拘束の付加・変更

　**図03-08** の左は、**図03-07** の一部を拡大したものです。縦の線と一番下の横の線の交点が●で表されている部分と○で表されている部分があります。これは、一致拘束の有無を表しています。

　●で表されている点は、縦の線の端点が横の線上にあり、○で表されている点は、縦の線の端点が横の線上にないことを示しています。そして、一致拘束の有無をグリフで確認する場合、線を選択すると**図03-08** の右の赤い線で囲んだ部分のように、一致拘束のグリフが現れます。また、カーソルを線の端点の●に重ねても右の緑の線で囲んだ部分のように、一致拘束のグリフが現れます。

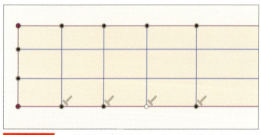 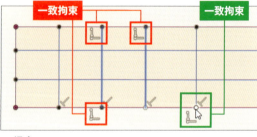

**図03-08**　一致拘束が付加されている場合とされていない場合

　一致拘束が付いていない場合、「スケッチパレット」ウィンドウの「拘束」から「一致」を選択し、追加してください。

「一致拘束」ツールを使う場合、「スケッチパレット」ウィンドウの「拘束」から「一致」を選択したあと（**図03-09**）、線の端点を示す○をクリックします。続いて、端点が接する線をクリックします。選択する順序はどちらでもかまいません。

　一致拘束は、点と点が同じ位置にあることを示すとき、点が線上にあることを示すときに使用されます。

**図03-09**

「拘束」から「一致」を選択

続いて、直交拘束を水平 / 垂直拘束に変更します。

「線分」ツールを終了したあと、Ctrl キーを押しながら、<mark>すべての直交拘束のグリフをクリックし選択して、Del キーを押して削除</mark>します（**図 03-10**）。

**図03-10** 直交拘束をすべて選択

「スケッチパレット」ウィンドウの「拘束」から「水平 / 垂直」を選択します（**図 03-11**）。

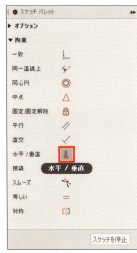

**図03-11**
スケッチパレットの水平 /
垂直拘束

描いた垂直線と水平線をクリックして、水平 / 垂直拘束を追加します（**図 03-12**）。

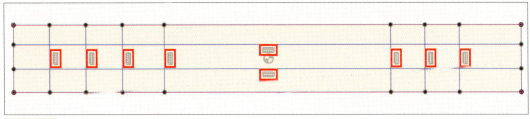

**図03-12** 水平 / 垂直拘束を追加

追加が終了したら、Esc キーを押して、「水平 / 垂直拘束」ツールを終了します。

直交拘束を水平 / 垂直拘束に付け替えたのは、<mark>水平 / 垂直拘束の方が、直交拘束より、形状の変化に柔軟</mark>だからです。これで、寸法拘束を指定して、<mark>寸法を変更した際、スケッチが予想外に変形するのを防ぐ</mark>ことができます。直交拘束や平行拘束を水平 / 垂直拘束に変更できる場合、早い段階で拘束を変更しておくとスケッチが楽になることが多いでしょう。

Chapter
**5**

棚（スパイスラック）のモデリング

## ● 寸法を指定

続いて、寸法拘束を指定します。寸法拘束は、単に寸法指定とも呼びます。長さ寸法と角度寸法の両方を示します。

「スケッチ」から、「スケッチ寸法」を選択するか、D キーを押します。D キーは「スケッチ寸法」ツールを呼び出すショートカットキーです。「スケッチ寸法」は、使う頻度が多いので、ショートカットキーを使うと便利です。

側板の左側に寸法を追加します（**図 03-13**）。

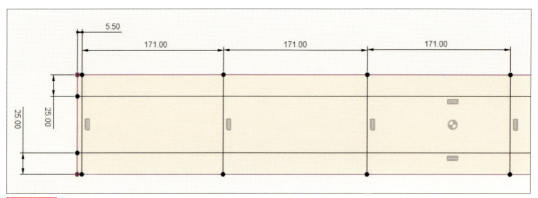

**図 03-13** スケッチの左側の寸法

続いて右側に寸法を追加します（**図 03-14**）。

寸法を指定した結果、左側の 171mm の 3 つの空間と左側の 76mm の 2 つの空間が作成されました。その間の空間は残りと考えてください。

寸法の指定が終了したならが、Esc キーを押して「スケッチ寸法」ツールを終了させます。

ただし、実際に制作する際は別の視点が必要になります。きちんと正しく作成するためには、寸法を測定する基準は、1 ヶ所にして測定誤差を減らす配慮が必要です。

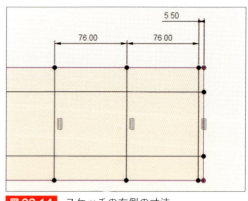

**図 03-14** スケッチの右側の寸法

つまり、図面に入れる寸法指定は、今回のような両側から寸法を測定することは行ってはいけません。

# ▶ 下穴を作成

　スケッチの内部が、薄いオレンジ色になっています。これは、この領域にプロファイルが形成されていることを示しています。

　プロファイルとは、線で囲まれた閉じた空間のことで、これを押し出して立体にすることができます。Fusion 360 では、1 つのスケッチで複数のプロファイルを描くことができます。今回、スケッチで描きたいのは、コースレッドの下穴のスケッチです。

　それ以外の形状は、操作ミスを防ぐためにプロファイルであってはいけません。つまり、穴以外の部分は押し出せない状態にしておく必要があります。

　必要なプロファイルが複数に分割される、あるいは、不必要なプロファイルがスケッチに存在すると、プロファイルを指定する際に、ミスを誘発するので、避けることをお勧めします。

　実線で描いた線分を作図線に変更することで、プロファイルとして認識させないことができます。本書では、引き続き作図線と表現しますが、Fusion 360 では、作図線をコンストラクション・ラインあるいは、単にコンストラクションと呼びます。

　描いたスケッチを矩形選択します。矩形選択は、マウスでドラッグして指定した長方形で囲んで、描いた線分などのオブジェクトを選択する方法です（**図 03-15**）。

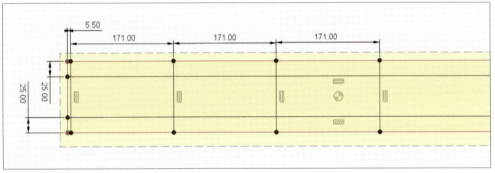

**図 03-15**　スケッチを矩形選択する

　なお、Fusion 360 を含む Autodesk 社の CAD 関連商品では、右側から左側に矩形を作成して選択した矩形選択と、左側から右側に矩形を作成した矩形選択では、挙動が異なります。左側から右側に矩形を作成したときは、完全にその矩形の中に含まれているオブジェクトが選択されます。右側から左側に矩形を作成したときは、一部でもその矩形の中に含まれているオブジェクトが選択されます。

選択した状態で右クリックして、表示されたメニューから「標準 / コンストラクション」を選択します（**図03-16**）。あるいはショートカットキー ⌧ キーを押します。

作図線（コンストラクション）に変更したことでプロファイルとして認識された領域がなくなりました（**図03-17**）。

**図03-16** 「標準 / コンストラクション」を選択

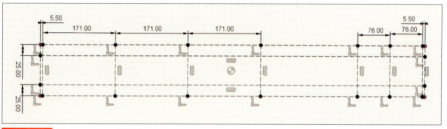

**図03-17** スケッチを作図線に変更

作図線の交点に直径1.5mmの下穴のスケッチを描きます。ツールバーの「スケッチ」から「円」→「中心と直径で指定した円」を選択するか、そのショートカットキー ⓒ キーを使用して、円を描きます（**図03-18**）。

**図03-18** 「中心と直径で指定した円」を選択

円の中心をクリックして指定し、ドラッグすると直径の入力ボックスが表示されます（**図03-19**）。そこで、==キーボードから数値を入力し、⟦Enter⟧ キーを押すと寸法も合わせて入力されます==。寸法の入力後、マウスをクリックすると描いた円が確定されます。

**図03-19** 「円」ツールで中心を選択してドラッグする

そのまま、次の円を描きたい位置にカーソルを移動させ、円の中心をクリックして値を入力し、連続で円を描くことができます。すべての円を描き終えたならば、⟦Esc⟧ キーを押して「円」ツールを終了させます。P.57で説明した「線分」ツールと挙動が異なることに注意してください。

すべての円を記入したら、ツールバーから「スケッチを停止」をクリックしてスケッチを終了します（**図03-20**）。

Chapter **5** 棚（スパイスラック）のモデリング

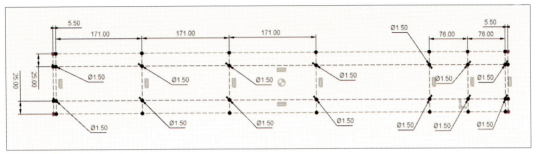

図 03-20　完成したスケッチ

　円が合計 14 個できました。ここに穴を作成します。最初に、マウスをドラッグして矩形選択を使い、スケッチした円をすべて選択します（**図 03-21**）。

　右から左に選択すると、一部分が囲まれても選択される黄色の矩形で（**図 03-15**）、左から右に選択すると、完全に囲まれると選択されるオレンジ色の矩形で、表示されます。

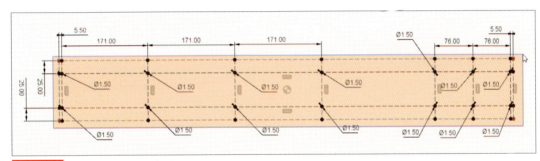

図 03-21　スケッチを矩形選択する

　ツールバーから「押し出し」を選択します（**図 03-22**）。

図 03-22　「押し出し」を選択

　ブラウザから非表示にしておいたボディの電球アイコンをクリックして、ボディを表示します（**図 03-23**）。

図 03-23
ブラウザでボディを表示する

　表示されている「押し出し」ウィンドウにて、方向を「2 つの側面」に設定します。続いて、範囲を「サイド 1」「サイド 2」それぞれで「すべて」に、「操作」を「切り取り」に設定します（**図 03-24**）。

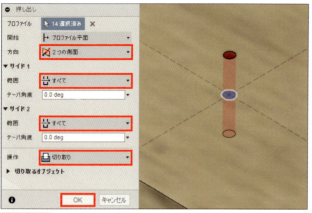

**図 03-24** 押し出しのパラメータを指定する

最後に「OK」をクリックすると、穴が開きました（**図 03-25**）。これで完成です。

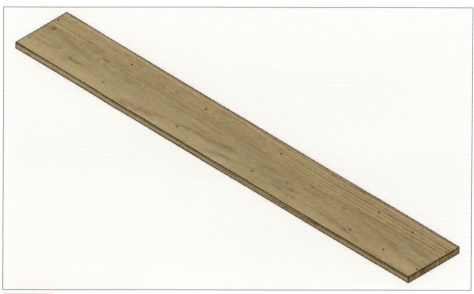

**図 03-25** 穴を開けた側板

ツールバーの「ファイル」をクリックし、「名前を付けて保存」を選択して、新たに「900 ×
116 × 11」という名前を付けて、ファイルを保存して終了します。

## ● パターン複写で穴を複数配置

ここまで、一番理解しやすい、すべての穴をスケッチで開ける方法について紹介しました。補足
として、ここでは、1つの穴を作成して、その穴をパターンで複写する方法について、かんたんに
解説します。

この方法を使うと、穴の形状を変更したい場合、==1つ穴の形状を変更するだけで、パターンで複==
==写したすべての穴の形状が自動で変更される==ので便利です。

Sec.02（P.160）で保存しておいた「900 × 116 × 11（穴無）」を開きます。このファイルを使って、パターン複写で穴を配置します。

最初に、複写元の穴を1つ、スケッチと押し出しで作成します（**図 03-26**）。

ツールバーの「作成」から「パターン」→「矩形状パターン」を選択します（**図 03-27**）。

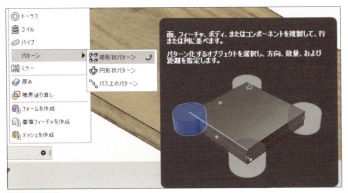

**図 03-27** 「矩形状パターン」を選択する

「矩形状パターン」ウィンドウが開きます。このウィンドウでは、最初に「パターンタイプ」に「フィーチャ」を指定します。

フィーチャはスケッチを立体化したあとの形状を意味します。ただし、Fusion 360 の操作上では、行った操作そのものをフィーチャと表現することがあります。

履歴上でのアイコンは、Fusion 360 で行った操作単位を示します。つまり、履歴上で行った操作を示すアイコンも「フィーチャ」と呼ばれます。

今回、「矩形状パターン」ウィンドウで「オブジェクト」には、履歴上で穴の押し出しを行ったアイコンを選択します。そして、「方向」を選択して、方向の基準となる稜線を選択します（**図 03-28**）。稜線が黒く強調されている部分です。

**図 03-28** パターンタイプとオブジェクトと方向の指定

　続いて、複写する「オブジェクト」をクリックして選択し、複写する方向に対する「数量」と「距離」を指定します。

「距離タイプ」は「間隔」と「範囲」があり、==「間隔」は「距離」で指定した長さの間隔ごとに複写され、「範囲」は「距離」で指定した長さを等間隔の位置に複写==されます。今回は「間隔」を指定します。

「方向」は向きの基準となる稜線を選択すると矢印が表示されるので、その矢印をドラッグすると判別しやすいでしょう。矢印の逆方向はマイナスの長さを入力します。

　**図 03-29** は側板の左上角の 1 個の円を 8 個に複写しようとした設定になります。「方向」で指定した稜線の向きにより、距離と数量を指定する向きが異なるので、プレビューを見て確認してください。

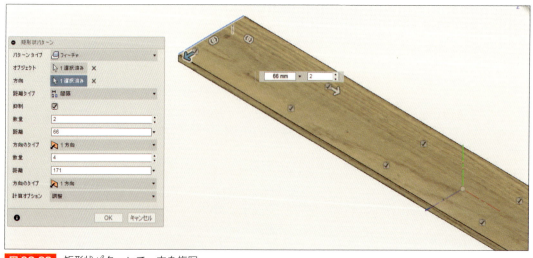

**図 03-29** 矩形状パターンで、穴を複写

　あとは、「OK」を押せば、合計 8 個の穴が完成します。

# SECTION 04

# 棚板（引き出し上下）

同じような形の寸法の異なる板を複数モデリングしていきます。次は、「278 × 116 × 11」の大きさの板をモデリングします。同じような形の寸法の異なる板なので、すでに作成したデザインを修正して利用します。

## ● 履歴を使って、別の大きさの板を作成

今までは、スパイスラックの側板を作成してきました。これからはスパイスラックの棚板を作成していきましょう。最初に作成する棚板は、引き出しを挟み込む上板と下板にあたるコンポーネントです。

同じような形の寸法の異なる板を作成する場合、すでに作成した板のファイルの履歴を利用することができます。これは、パラメトリックモデリングの利点のひとつです。

データパネルから、Sec.03（P.160）で保存したファイル「900 × 116 × 11（穴無）」を開いてください。

まずは、別名で保存し直します。「ファイル」メニューから「名前を付けて保存」を選択し、ファイル名「278 × 116 × 11」として保存します。

穴を開けたファイルを開いた場合、最初の「押し出し」よりあとの工程をすべて削除します。下部に表示されている履歴から、削除したい項目を、Ctrl キーを押しながら、すべてクリックし選択します。右クリックで表示されるメニューから「削除」をクリックします（**図 04-01**）。

**図 04-01** 履歴から、スケッチと押し出しを削除

履歴から、最初の「押し出し」をダブルクリックし、「フィーチャ編集」ウィンドウを表示して、パラメータを変更します。「距離」を「278」に変更して「OK」をクリックします（**図 04-02**）。

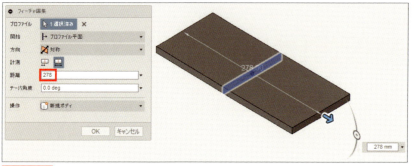

**図 04-02** 押し出しのパラメータを変更

側面を選択します（**図 04-03**）。

**図 04-03** 側面をクリックして選択

ツールバーから「スケッチを作成」を選択します（**図 04-04**）。

**図 04-04** 「スケッチを作成」を選択

このままでは、スケッチが見づらいので、ブラウザで、ボディを非表示にします（**図 04-05**）。

**図 04-05** ボディを非表示にする

## ▶ 円をスケッチ

立体の段面が薄い色で表示されています。ここにスケッチを描きます。

直径1.5mmの円を描き、端部からの距離を指定します（**図04-06**）。原点と円の中心が水平の関係にあることを示すために、「スケッチパレット」ウィンドウの「拘束」から「水平／垂直」を選択し、原点と円の中心をクリックして、「水平／垂直」拘束を追加し、スケッチを停止します（**図04-07**）。

図04-07 スケッチパレットの水平／垂直拘束

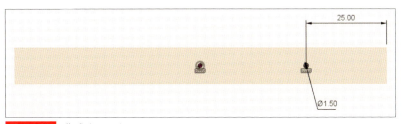

図04-06 作成するスケッチ

ここでは、穴の位置を板の端からの距離で指定しています。ただし、この位置の指定方法は、推奨されません。その理由は、Sec.05（P.178）の「棚板（落下防止付）」をモデリングする際に説明します。

## ▶ 穴を作成し複製

ブラウザでボディを表示し、ツールバーから「押し出し」を選択し、「プロファイル」にスケッチで描いた円を指定します。「距離」を「-15」で「操作」を「切り取り」で押し出します（**図04-08**）。

図04-08 押し出して穴を作成します。

ツールバーの「作成」から「ミラー」を選択します（**図04-09**）。「ミラー」も複写の一種ですが、「パターン複写」とは異なり、対称複写になります。<mark>対象面、あるいは、対称軸を中心に、鏡で映したように左右が反対に複写</mark>されます。対象図形を半分だけ描いて、もう半分を描くときに使用すると便利です。

図04-09 「作成」から「ミラー」を選択

「ミラー」を使って、作成した穴を複写します。「ミラー」ウィンドウで「パターンタイプ」に「フィーチャ」を選択します（**図04-10**）。

**図04-10** 「パターンタイプ」で「フィーチャ」を選択

「オブジェクト」では、下部にある履歴からクリックして指定します。ここでは穴を押し出した項目を選択します（**図04-11**）。

**図04-11** 履歴から穴を押し出したフィーチャを選択

ブラウザの「原点」を展開して、「XY」をクリックして「対象面」に設定します（**図04-12**）。「ミラー」ウィンドウの設定が完了したら、「OK」をクリックします。

**図04-12** ブラウザを使って「XY」を選択

見た目にはわかりにくいですが、穴が「ミラー」を使ってコピーされました（**図04-13**）。

**図04-13** ミラーで穴をコピー

同様の操作で、板の端部の反対側にも穴を作成します（**図04-14**）。

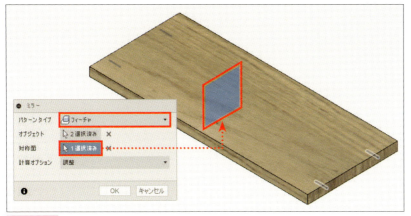

**図 04-14** 反対側の穴もミラーで作成

これで完成です（**図 04-15**）。

**図 04-15** 完成

上書き保存します。バージョンの説明を入力して完了です（**図 04-16**）。

**図 04-16** バージョンの説明を入力

## SECTION

# 05 棚板（落下防止付）

今回作成する棚板も Sec.04 と同じように、すでに作成した立体のデザインを修正して利用します。今回作成する棚板は、前後に落下防止機能が施された板になります。

### ▶ 落下防止付の棚板を作成

Sec.04（P.177）で保存した「278 × 116 × 11」のファイルを開いて、「278 × 94 × 11」という名前を付けて、別名で保存します。

履歴から、はじめに作成したスケッチをダブルクリックして、編集します（**図05-01**）。

**図05-01** 履歴からスケッチをダブルクリックして修正する

寸法を**図05-02**のように修正し、スケッチを停止します。

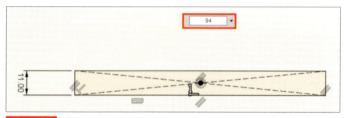

**図05-02** 修正したスケッチ

側面の下穴のスケッチをダブルクリックして編集します（**図05-03**）。

**図05-03** 下穴のスケッチを編集

板の端からの距離を指定してスケッチしていると、今回のように板の幅が変化した際、穴の位置が変更されてしまいます（**図05-04**）。

**図05-04** 修正する前のスケッチ

この変化への対策は、中心の原点を基準に穴の位置を指定することです。その結果、板の幅が変化しても、穴の位置は、変化しなくなります。

このように、作成するコンポーネントの寸法が変化しても、必要な部位に影響が出ないことも考えて拘束を指定することが推奨されます。

ボディの表示を非表示にして、原点を基準に寸法拘束を行いました。外側の点は、さきほどモデリングした「278 × 116 × 11」の位置を示すために追加しています（**図 05-05**）。スケッチで「点」を描くには、ツールバーの「スケッチ」から「点」を選択します。**図 05-05** のように寸法を記入すると、過剰拘束の警告が表示されますが、カッコで囲まれた参考寸法として扱われるので、問題はありません。

また、外側の点と中心の原点とは「水平 / 垂直」拘束を設定しています。

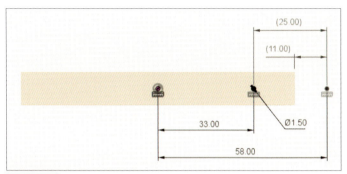

**図 05-05** 修正後のスケッチ

スケッチを停止するとスケッチ後の操作は自動で修正されます。反対側の面も同様に穴の位置を修正します。ブラウザでボディを表示するのを忘れないでください。

修正が完了したならば、上書き保存して完成です（**図 05-06**）。

**図 05-06** 完成した形状

## ▶ 棚板落下防止前面

さきほど作成したデザイン（「278 × 94 × 11」）を修正して利用します。

ファイル名に「278 × 20 × 11」の名前を付けて保存します。

履歴から、不要な形状を Ctrl キーを押しながらすべてクリックして選択し、右クリックしてメニューから削除します（**図05-07**）。

**図05-07** 不要な形状を履歴から削除

左下にある履歴から、スケッチをダブルクリックして、スケッチを修正します（**図05-08**）。

**図05-08** 履歴からスケッチをダブルクリックして修正する

スケッチの寸法を変更し、スケッチを停止します（**図05-09**）。

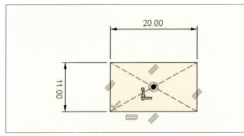

**図05-09** 修正したスケッチ

スケッチを停止するとスケッチ後の操作は自動で修正されます。押し出し距離が同じため、これで操作は完了です。保存して完成です（**図05-10**）。

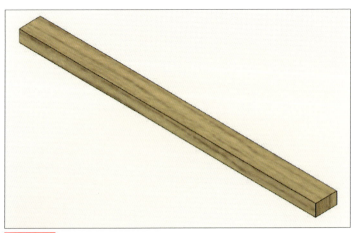

**図05-10** 棚板落下防止前面の完成

## ▶ 棚板落下防止背面

さきほどのデザイン（「278 × 20 × 11」）を修正して利用します。「278 × 35 × 11」の名前を付けて保存します。

左下にある履歴から、スケッチをダブルクリックして、編集します（**図 05-11**）。

**図 05-11** 履歴からスケッチを編集

スケッチの寸法を変更し（**図 05-12**）、スケッチを停止します。

**図 05-12** スケッチ寸法を変更

上書き保存して、完成です（**図 05-13**）。

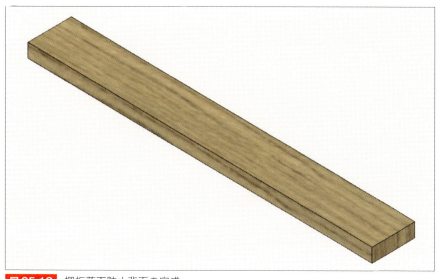

**図 05-13** 棚板落下防止背面の完成

# SECTION 06 引き出し

側板、棚板、落下防止機能付きの棚板と作成していきました。最後に引き出しを作成しましょう。引き出しは、「前面」「背面」「側面」「底面」「取手」の5種類のコンポーネントにより構成されます。

## ▶ 前面

作成済みのデザイン（「278 × 20 × 11」）を修正して利用します。「276 × 63 × 11（取手）」の名前を付けて保存します。

履歴から、スケッチをダブルクリックして（**図06-01**）、編集します。

図06-01　スケッチを編集

寸法を修正し（**図06-02**）、スケッチを停止します。

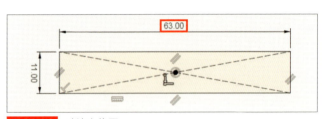

図06-02　寸法を修正

続いて、履歴から「押し出し」をダブルクリックして編集します（**図06-03**）。

図06-03　押し出しを編集

押し出し距離を「278mm」から「276mm」に変更します。この2mmの差は、引き出しが動くための隙間です。

スケッチから、「スケッチを作成」を選択し、スケッチ平面を指定します（**図06-04**）。

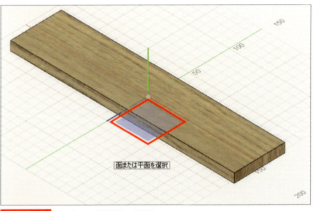

図06-04　スケッチ平面の選択

原点を中心に、直径2.5㎜の円を描き、スケッチを停止します。この円は取手用に作成します。

なお、**図06-05**は、見やすいように、ブラウザで「原点」を表示し、「ボディ」を非表示にしています（**図06-05**）。

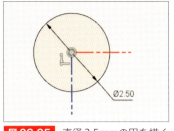

**図06-05** 直径2.5mmの円を描く

ツールバーから「押し出し」を選択し、円のスケッチを選択します。プロファイルを選択する際は、ボディを非表示にしてから選択し、選択したあとでボディを表示します。

「方向」で「2つの側面」を選択し、「範囲」に「すべて」を指定して、穴を開けます（**図06-06**）。

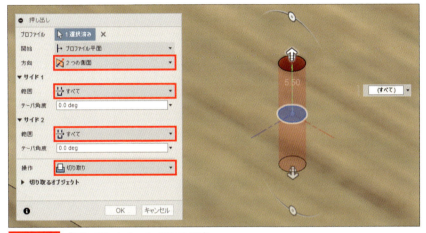

**図06-06** 「押し出し」ウィンドウの設定

完成です（**図06-07**）。ブラウザで、原点を非表示にして、保存してください。

**図06-07** 前面の完成

## ▶ 背面

さきほどのデザインを修正して利用します。「254
× 63 × 11」の名前を付けて保存します。

履歴から、穴の「スケッチ」と「押し出し」を選択
し、右クリックして表示されるメニューから「削除」
を選択します（**図 06-08**）。

**図 06-08**　「スケッチ」と「押し出し」を削除する

履歴から、「押し出し」をダブルクリックし、パラメータを変更します。「距離」を「254」に変更し、「OK」をクリックします（**図 06-09**）。

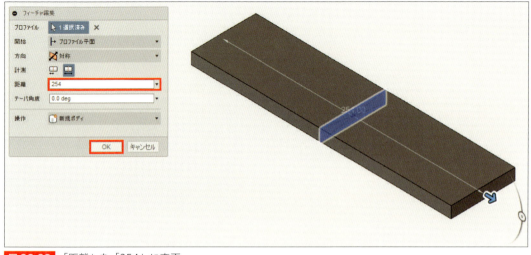

**図 06-09**　「距離」を「254」に変更

上書き保存して完了です（**図 06-10**）。

**図 06-10**　背面の完成

## ● 側面

さきほどのデザインを修正して利用します。「105 × 63 × 11」の
名前を付けて保存します。履歴から、「押し出し」をダブルクリック
して（**図06-11**）、パラメータを変更します。

「距離」を「105」に変更します（**図06-12**）。

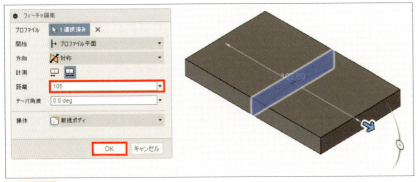

**図06-12** 「距離」を「105」に変更

上書き保存して完了です（**図06-13**）。

**図06-13** 完成

## ▶ 底面

さきほどのデザインを修正して利用します。「254 × 94 × 11」の
名前を付けて保存します。履歴から、スケッチをダブルクリックして
修正します（**図06-14**）。

**図06-14**

履歴からスケッチを編集

寸法を**図06-15**のように変更し、スケッチを停止します。

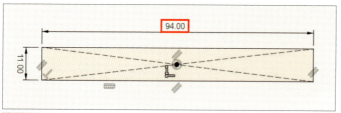

**図06-15** スケッチ寸法を変更する

履歴から「押し出し」をダブルクリックして、「距離」を「254」に変更します（**図06-16**）。

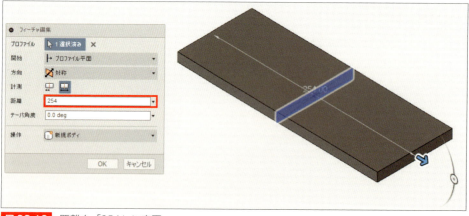

**図06-16** 距離を「254」に変更

上書き保存して完了です。

**図06-17** 底面の完成

## ● 取手

　引き出し用の取手を作成します。ツールバーの「ファイル」から「新規デザイン」を選択し、あるいはタブをすべて閉じて、新しいデザインファイルを作成します（**図 06-18**）。

図 06-18　新規デザイン

　原点を表示し、基準平面は、非表示にします（**図 06-19**）。

図 06-19　基準軸を表示

　ツールバーから「スケッチを作成」を選択します（**図 06-20**）。

図 06-20　スケッチを作成

　スケッチする平面、XZ 平面を選択します（**図 06-21**）。

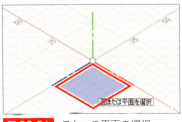
図 06-21　スケッチ平面の選択

　原点を中心とした直径 20㎜と 2.5㎜、2 つの円をスケッチし（**図 06-22**）、スケッチを停止します。

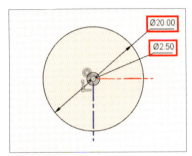
図 06-22　2 つの円のスケッチ

ツールバーの作成ドロップダウンから「押し出し」を選択します。「押し出し」ウィンドウの設定で「プロファイル」に2つの円をいずれもクリックして選択します。2つの円を選択すると、**図06-23**のとおり「プロファイル」に「2選択済み」と表示されます。距離を「20」にします。

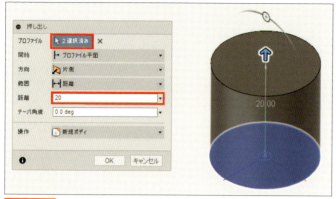

**図06-23** プロファイルを押し出す

Chapter 5
棚（スパイスラック）のモデリング

押し出しに使用したスケッチは、自動的に非表示になるので、ブラウザにて電球アイコンをクリックし表示させます（**図06-24**）。

**図06-24** スケッチを表示する

続いてツールバーから「押し出し」を選択し、今度は「プロファイル」に内側の円だけを選択し、「距離」を「10」、「操作」を「切り取り」で押し出します（**図06-25**）。

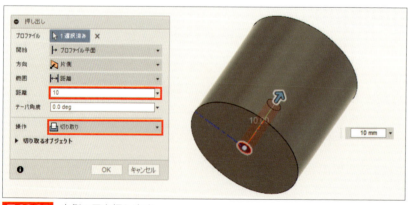

**図06-25** 内側の円を押し出す

これで、スケッチは必要ないので、電球マークをクリックして、非表示に変更しておきます。

ツールバーの「修正」から「面取り」を選択します（**図06-26**）。

図06-26 図06-26 「面取り」を選択

「面取り」ウィンドウが表示されます。最初に、面取りしたい面の稜線をクリックして選択します（**図06-27**）。

図06-27 面取りしたい面の稜線をクリック

「距離」を「1」に指定して、「面取りのタイプ」を「等距離」にします（**図06-28**）。

図06-28 面取りを追加

ここで選んだ「等距離」は、各辺から指定した「距離」分だけ削除する指定になり、結果的に45度の角度で面取りを行うことになります（**図06-29**）。

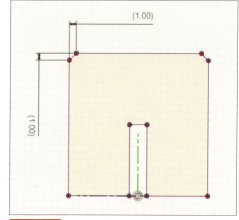

**図06-29** 面取りを行った断面図

原点を非表示にして、ツールバーの「修正」から「物理マテリアル」を選択します。「物理マテリアル」ウィンドウが開いたら、「ライブラリ」から「木材」→「木材」を探し、ブラウザの「ボディ」にドラッグ＆ドロップします。
「引き出し取手」と名前を付けて保存して完成です（**図06-30**）。

以上で、スパイスラックで使用するコンポーネントが完成しました。第6章から、アセンブリ機能でスパイスラックを組み立てていきましょう。

**図06-30** 取手の完成

# 棚（スパイスラック）の
# アセンブリ・木取図

# 01

# サブ・アセンブリ
# （落下防止付棚板）

第5章で作成したコンポーネントをアセンブリ機能で組み立てます。今回のように、コンポーネント数が多い場合、一度にまとめてアセンブリするのではなく、部分的にアセンブリしたサブ・アセンブリを利用しましょう。

## ▶ サブ・アセンブリ

　コンポーネント数が少ない場合、第3章で作成したディスプレイテーブルのように、まとめて一度にアセンブリすればよいと思います。しかし、コンポーネント点数が多い場合、特に複数のコンポーネントの同じ組み合わせをなんども使用する場合は、サブ・アセンブリと呼ばれる複数のコンポーネントをあらかじめアセンブリしたコンポーネントを作成したあと、さらにそれをアセンブリする手順を取ると作業が楽になります。

　ではアセンブリを進めていきましょう。最初に、前後の落下防止用の板と棚板を組み立てます。前後の落下防止用の板は、棚に置くものが落ちないだけでなく、棚に置いたものが重いとき、棚が反らないこと、棚自体が横方向に歪まないことを意図しています。

| ファイル名 | 内容 |
|---|---|
| 278 × 94 × 11 | 棚板（落下防止付） |
| 278 × 20 × 11 | 棚板落下防止前面 |
| 278 × 35 × 11 | 棚板落下防止背面 |

表01-01　使用するコンポーネント

　最初に、「スパイスラック」フォルダに新規デザインファイルを作成します。
　ファイルドロップダウンから、「新規デザイン」を選択し、新しいデザインファイルを作成します。続いて、ツールバーの「保存」をクリックして、ファイルを保存します（図01-01）。デザインにコンポーネントを追加するには、保存して名前を付けた状態にある必要があります。

図01-01　「保存」をクリック

「棚板（落下防止）」の名前を付けて保存します。

## ▶ コンポーネントの配置

データパネルを開き、「278 × 94 × 11」のコンポーネントを、アセンブリを行うデザイン画面にドラッグ＆ドロップして、追加します。

データパネルにデザインが複数あり、目的のコンポーネントを探せない場合、歯車アイコンをクリックして表示される設定で、並び順や表示スタイルを変更できます（**図 01-02**）。

図 01-02　データパネルの表示設定

「278 × 94 × 11」をドラッグ＆ドロップで追加したら、「OK」をクリックします（**図 01-03**）。

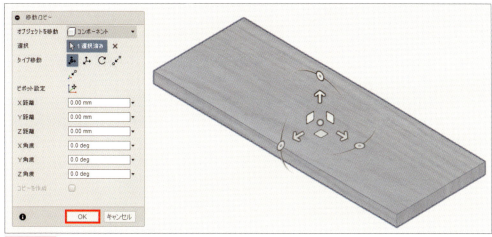

図 01-03　コンポーネントを配置

ここでは3つのコンポーネントを組み立てるので、その位置関係を指定しておきます。ブラウザ上で、追加した「278 × 94 × 11」を右クリックして、表示されたメニューから「固定」を選択し、「278 × 94 × 11」を基準のコンポーネントに設定します（**図 01-04**）。

これで、「278 × 94 × 11」はデザインファイルの中で基準として機能し、移動できなくなります。

図 01-04　基準とするコンポーネントを固定

残りのコンポーネント、「278 × 20 × 11」と
「278 × 35 × 11」をひとつずつ追加します。

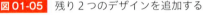

**図01-05** 残り2つのデザインを追加する

ジョイントを設定しやすいように、追加したコ
ンポーネントの向きを変え、重ならないように配
置します（**図01-06**）。

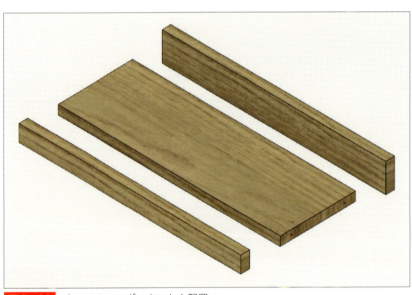

**図01-06** すべてのコンポーネントを配置

## ▶ ジョイント

ツールバーの「アセンブリ」から「ジョイント」を選択し、ジョイントの原点を指定します。こ
こで注意したいのが、左右の中央にジョイントの原点を設定しますが、その際に、高さ方向（Y軸
方向）でも中央を指定してはいけません。「278 × 94 × 11」と、「278 × 20 × 11」、「278 ×
35 × 11」ではコンポーネントの高さが異なるため、高さ方向の中央にジョイントを設定すると、
棚板落下防止板が棚板から下側にはみ出してしまいます（**図01-07**）。

**図01-07** ジョイントの原点を高さの中央に設定した状態

これを修正して、ジョイントの原点を左右の中で、かつ高さ方向で下側に設定します（**図01-08**）。ジョイントの原点を指定したあと、もう一方のジョイントの原点を指定します。2つのジョイントの原点を指定するとコンポーネントが、アニメーションで移動します。

移動するコンポーネント上の位置を選択

**図01-08** 中央下のジョイントの原点を指定

「モーション」の「タイプ」を「剛性」に指定して「OK」をクリックし、「ジョイント」のウィンドウを閉じます。

もうひとつのコンポーネントも同じようにジョイントで結合します。前後の落下防止の板が、棚板のそりを防止し、棚に乗せたものの落下を防止します（**図01-09**）。

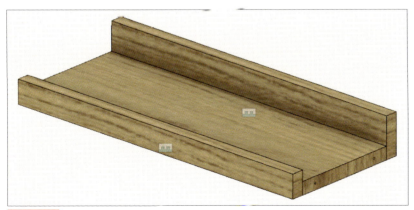

**図01-09** ジョイントの完成

## ▶ 剛性グループ

ほかのデザインで使用する際、==ジョイントされた3つのコンポーネントをまとめて1つのコンポーネントとして扱う==ために、剛性グループを設定します。

ツールバーの「アセンブリ」から「剛性グループ」を選択します（**図 01-10**）。

**図 01-10** 剛性グループ

Ctrl キーを押したまま、3つのコンポーネントを選択します。デザイン画面ではなく、ブラウザでコンポーネントを選択するとかんたんです。2つコンポーネントを選択すると確認のためのメッセージが表示されます。「はい」をクリックして、もう1つのコンポーネントを選択します（**図 01-11**）。

**図 01-11** 確認のためのメッセージ

3つのコンポーネントを選択したあと、「剛性グループ」のウィンドウで「コンポーネント」が「3選択済み」になっていることを確認して「OK」をクリックします（**図 01-12**）。これで完了です。

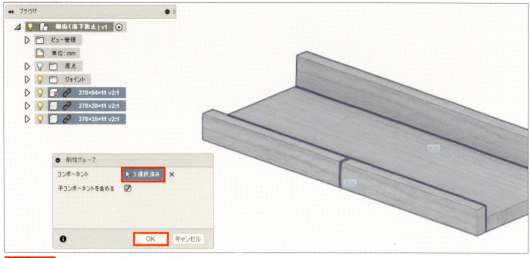

**図01-12** 3つのコンポーネントを選択

ブラウザで「ジョイント」の電球アイコンをクリックして非表示にし、ジョイントグリフを非表示にします（**図01-13**）。

**図01-13** ジョイントを非表示にする

最後に上書き保存して、落下防止付棚板の完成です（**図01-14**）。

**図01-14** 完成

# SECTION 02

# 引き出しのサブ・アセンブリ

引き出しのサブ・アセンブリを作成します。引き出しは5つのコンポーネントを組み合わせます。今まで学習した内容を理解していれば、コンポーネント数が多くなっても、まったく問題ありません。

## ▶ 基準となるコンポーネントの追加

ツールバーの「ファイル」から「新規デザイン」を選択し、新しいデザインファイルを作成します。

「引き出し」の名前で保存します。デザインにコンポーネントを追加するには、保存して名前を付けた状態にある必要があります。今回使用するコンポーネントは**表02-01**のとおりです。

| ファイル名 | 内容 | 数量 |
|---|---|---|
| 276 × 63 × 11（取手） | 引き出し前面 | 1 |
| 254 × 63 × 11 | 引き出し背面 | 1 |
| 105 × 63 × 11 | 引き出し側面 | 2 |
| 254 × 94 × 11 | 引き出し底面 | 1 |
| 引き出し取手 | 引き出しの取手 | 1 |

**表02-01** 使用するコンポーネント

データパネルを開き、デザイン画面に「254 × 94 × 11」をドラッグ＆ドロップします（**図02-01**）。最初に追加するコンポーネントは、固定するコンポーネント、つまり、基準となるコンポーネントにするとよいでしょう。

**図02-01** 基準となるコンポーネント

すべてのコンポーネントをアセンブリしたあとの状態を考えて、向きを変えて配置し、「移動 / コピー」ウィンドウの「OK」をクリックします（**図02-02**）。

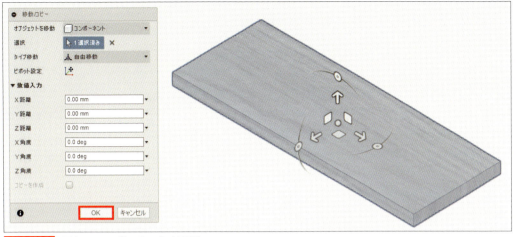

**図 02-02** 最初のコンポーネントを配置

ここでは5つのコンポーネントを組み立てるので、その位置関係を指定しておきます。ブラウザで追加した「254 × 94 × 11」を右クリックして、表示されたメニューから「固定」を選択し、「254 × 94 × 11」を基準のコンポーネントに設定します（**図 02-03**）。

これで、このコンポーネントはデザインファイルの中で基準として機能し、移動できなくなります。

**図 02-03** 基準とするコンポーネントを固定

## ● 残りのコンポーネントの追加

残りのコンポーネントを追加します。ここでは、最初に、アセンブリで使用するすべてのコンポーネントを追加して配置しましたが、制約はありません。ひとつずつ追加し、順番にジョイントを設定してもかまいません。

では、「276 × 63 × 11（取手）」、「254 × 63 × 11」、「105 × 63 × 11」を追加します。

「105 × 63 × 11」は2個使用します。同じコンポーネントを複数回追加するには、

1. 複数回ドラッグ＆ドロップする方法
2. ブラウザでコピー＆ペーストする方法
3. 移動コマンドで、コピーして移動する方法

があります。1と2の方法は、すでに紹介していますので、ここでは、3つ目の方法について紹介します。

ブラウザ上で、すでに追加してあるコンポーネントを右クリックし、「移動 / コピー」を選択します（**図02-04**）。

図 02-04　移動 / コピー

「移動 / コピー」ウィンドウにて「コピーを作成」にチェックを入れ❶、コピーを配置したい位置に移動し❷、最後に「OK」をクリックします❸（**図02-05**）。これで、コンポーネントをコピーできました。

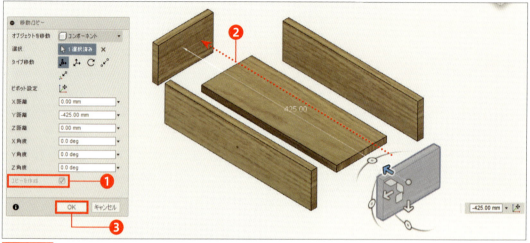

**図02-05**　コピーを作成

最後「引き出し取手」を追加して、コンポーネントはすべて用意できました（**図02-06**）。

**図02-06**　すべてのコンポーネントを追加して配置

# ▶ ジョイント

さきほどの棚板をアセンブリしたときと同じように、ジョイントの原点を設定します。最初に、前面、底面、背面の板にジョイントの原点を設定し、組み立てます（**図 02-07**）。

**図 02-07** 前面、底面、背面の板にジョイントの原点を設定

側面の板にジョイントの原点を設定する場合、底面の板の中心のジョイントの原点は使わずに、背面の板のジョイントの原点を使用します（**図 02-08**）。

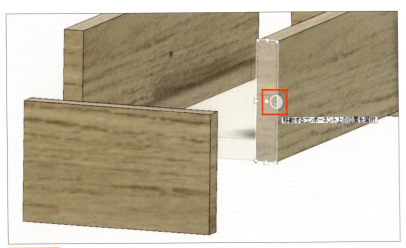

**図 02-08** 背面の板にジョイントの原点を指定

続いて、側板のジョイントの原点を指定します（**図02-09**）。

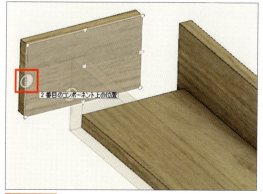

図02-09 側板のジョイントの原点を指定

なお、==ジョイントの原点を指定したときのアニメーションでは、ジョイントを指定した2つのコンポーネントのみが移動==します（**図02-10**）。コンポーネント1で指定したコンポーネントが、コンポーネント2で指定したコンポーネントに移動します。

このアニメーションで、指定したジョイントが意図したものか、確認しましょう。「ジョイント」ウィンドウで「OK」をクリックすると、指定したジョイントの原点にしたがって、すべてのコンポーネントが配置されます。

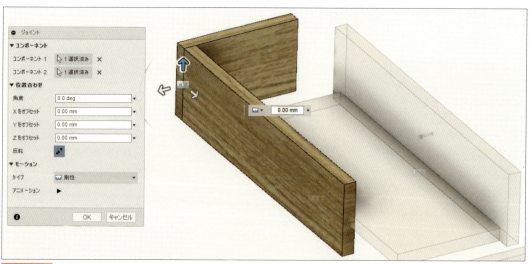

図02-10 ジョイントを指定する際は、2つのコンポーネントのみが移動する

反対側も、同じようにジョイントの原点を設定してください。引き出しの箱が完成しました（**図02-11**）。

Chapter **6**

棚（スパイスラック）のアセンブリ・木取図

引き出しの箱が完成

最後に取手を取り付けます。ジョイントの原点を設定する際、板の穴の稜線に、マウスカーソルを重ね、穴の中心にジョイントの原点が表示されるのを確認し、マウスをクリックします（**図 02-12**）。

取手側も、取手の穴の中心に表示される原点を選択します。

タイプに「剛性」を指定して、「OK」をクリックします。すべてのジョイントが設定できました（**図 02-13**）。

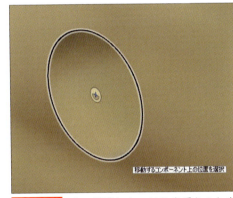

図 02-12　穴の稜線にカーソルを重ねると中心にジョイントの原点が現れる

図 02-13　ジョイントが設定される

さきほどの棚板のアセンブリと同じように、ほかのデザインでコンポーネントとして使用する際、1つのコンポーネントとして扱うことができるように、剛性グループを設定します。

剛性グループを設定しないと、サブ・アセンブリを追加した際、サブ・アセンブリで設定したジョイントの情報が消失します。そのため、サブ・アセンブリの追加後、再度ジョイントを追加する必要があります。ブラウザ上で、Ctrl キーを押しながら6つのコンポーネントをクリックして、すべて選択し、ツールバーの「アセンブリ」から「剛性グループ」を選択します（P.196 参照）。

グリフの表示を消すために、ジョイントを非表示にします（図02-14）。

図02-14 ブラウザから、ジョイントを非表示にする

引き出しが完成しました（図02-15）。上書き保存して終了です。

図02-15 引き出しのアセンブリ

# SECTION 03 棚（スパイスラック）の アセンブリ

棚（スパイスラック）を完成させます。サブ・アセンブリしたコンポーネントと単体のコンポーネントを組み合わせます。同じコンポーネントに複数のコンポーネントを組み付けるので、ジョイントの原点に気を払いましょう。

## ● 使用するコンポーネント

ツールバーの「ファイル」から「新規デザイン」を選択し、新しいデザインファイルを作成します。「棚（スパイスラック）」の名前で保存しておきます。

**表03-01**にあるコンポーネントを使って、棚（スパイスラック）をアセンブリします（**図03-01**）。

**図03-01** 棚（スパイスラック）アセンブリの完成図

| ファイル名 | 内容 | 数量 |
|---|---|---|
| 900 × 116 × 11 | 側板 | 2 |
| 278 × 116 × 11 | 棚板（引き出し上下・上板） | 4 |
| 棚板（落下防止） | 落下防止機能付き棚板 | 3 |
| 引き出し | 取手付き引き出し | 2 |

**表03-01** 使用するコンポーネント

## ● 側板から準備

最初にデータパネルから「900 × 116 × 11」（側板）を追加します。「900 × 116 × 11」の側板を、本書の解説に従って複数作成した場合、14個の穴を開けた板を選んでください。

向きを変えて、「移動 / コピー」ウィンドウの「OK」をクリックします。「OK」をクリックする前に、充分に拡大して、穴の間隔が狭い方を下にするように向きを調整してください（**図03-02**）。

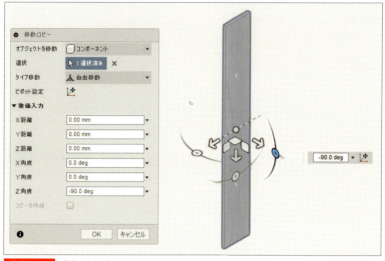

ここでは合計 11 個のコンポーネントを組み立てるので、その位置関係を指定するため、今回追加した「900 × 116 × 11」（側板）を基準になるよう設定します。ブラウザで追加した「900 × 116 × 11」を右クリックして、表示されたメニューから「固定」を選択します（**図 03-03**）。

これで、このコンポーネントはデザインファイルの中で基準として機能し、移動できなくなります。

**図 03-03** 基準とするコンポーネントを固定

## ▶ 棚板の追加

続いて、データパネルから「278 × 116 × 11」（引き出しの上下と上板に配置する棚板）を追加します。最初に追加した側板に重ならないように移動して（**図 03-04**）、「OK」をクリックします。

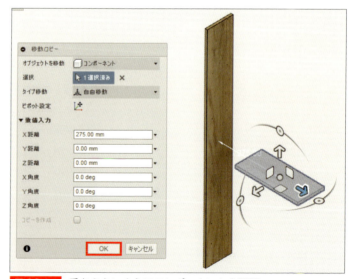

**図 03-04** 重ならないようにコンポーネントを配置

ツールバーの「アセンブリ」から
「ジョイント」を選択します。

追加した棚板を、上板として、側板に
アセンブリします。あらかじめ棚板に作
成してある<mark>穴の中心をジョイントの原点</mark>
<mark>に指定</mark>します（**図03-05**）。

**図03-05** 棚板の下穴のジョイントの原点を指定

続いて、側板側で対応する穴の中心を
ジョイントの原点に指定します（**図
03-06**）。

**図03-06** 棚板の下穴のジョイントの原点を指定

ジョイントの原点を指定し終えたら、「ジョイント」のウィンドウにて「タイプ」に「剛性」を
指定して、「OK」をクリックします（**図03-07**）。

**図03-07** タイプに剛性を指定する

同じコンポーネント（棚板）を追加します。ブラウザ上で、追加したコンポーネントを右クリックし、表示されたメニューから「移動／コピー」を選択します（**図03-08**）。

**図03-08** 「移動／コピー」を選択

最初に、「移動／コピー」ウィンドウにて「コピーを作成」にチェックを入れ❶、側板をほかのコンポーネントと重ならない位置に移動し❷、最後に「OK」をクリックします❸（**図03-09**）。

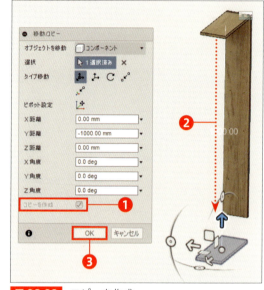

**図03-09** コピーを作成

コンポーネントがコピーできたら、最初にジョイントした側板と同じく、ジョイントを設定します。

さらに、必要なだけ棚板を追加し、ジョイントを設定します。側板に棚板4枚をジョイントできた段階で、一度保存します（**図03-10**）。

**図03-10** 棚板4枚を追加

## ▶ 落下防止機能付き棚板の追加

次に、Sec.01（P.192）にてサブ・アセンブリを行った落下防止機能が付いた棚板を追加します。

サブ・アセンブリしたコンポーネントも同様に、データパネルからデザイン画面にドラッグ＆ドロップして追加します（図03-11）。

**図03-11** 棚板（落下防止）を追加

ジョイントを設定しやすいように、側板に重ならないように配置しておきます。追加した棚板にもジョイントを設置します。図03-12 のように、棚板の下穴に、ジョイントの原点を指定します。

**図03-12** 棚板の下穴のジョイントの原点を指定

同様に図03-13 のように、側板の下穴のジョイントの原点を指定します（図03-13）。

「ジョイント」のウィンドウで「タイプ」を「剛性」に指定し、「OK」をクリックします。これでジョイントが設定できました（図03-14）。

**図03-13** 側板の下穴のジョイントの原点を指定

**図03-14** ジョイントを設定した

Chapter **6** 棚（スパイスラック）のアセンブリ・木取図

同じように、落下防止機能付き棚板を 2 枚コピーして
ジョイントを設定します（**図03-15**）。

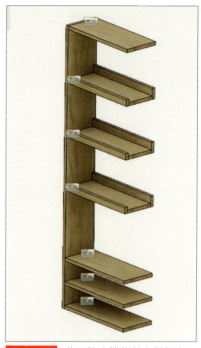

反対側の側板を設置します。側板は固定してあるので
（P.206 参照）、「移動 / コピー」では、コピーはできませ
ん。ブラウザで「900 × 116 × 11」（側板）を右クリッ
クし「コピー」を選択して（**図03-16**）、デザイン画面
上で右クリックし「貼り付け」を選択して（**図03-17**）、
コピーしてください。

図03-15 落下防止機能付き棚板を 2
枚コピーして追加する

図03-16 固定されているコンポーネントを
コピー

図03-17 コピーしたコンポーネントを貼り付け

側板がコピーされるので、ほかのコンポーネントと重ならない位置に配置し、「移動 / コピー」
ウィンドウで「OK」をクリックします（**図03-18**）。

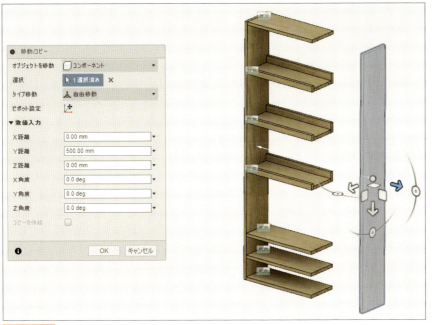

**図 03-18** コピーしたコンポーネントを配置

　追加した側板は、1ヶ所ジョイントを設定すれば目的の位置に配置されます（**図 03-19**）。

　ここで再度、上書き保存しておきます。

**図 03-19** 側板にジョイントを設定

## ▶ スライドジョイント（引き出しの取り付け）

　引き出しを配置します。データパネルから、引き出しをドラッグ＆ドロップし、棚に重ならない位置に配置します（**図 03-20**）。

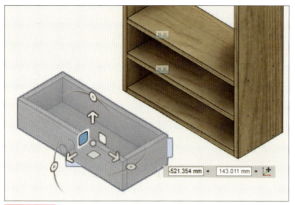

**図 03-20** 引き出しのコンポーネントを重ならないように配置

　なお、多くの3D-CADでは、拘束で指定することで、アセンブリを行います。対して、Fusion 360ではジョイントで指定することでアセンブリを行います。そのため、ほかの3D-CADを利用したことがある人であれば、ジョイントを理解するのに手間取るかもしれません。ジョイントは、ジョイントの原点をどこにどう設定するかが重要です。

　ではツールバーの「アセンブリ」から「ジョイント」を選択しジョイントの原点を指定します。
　引き出しは、出し入れできるように設定したいので、「ジョイント」ウィンドウにて「タイプ」に「スライダ」を指定します。
　引き出しの場合、ジョイントの原点をどこに設定したらよいか、判断が難しいかもしれません。いろいろためした結果、板の中心に現れる点をジョイントの原点に指定するとうまくいきます（**図 03-21**）。

**図 03-21** 棚板の中心に現れるジョイントの原点を指定

　続いて、引き出しの底面の中心に現れるジョイントの原点を指定します（**図 03-22**）。

Chapter
**6**

棚（スパイスラック）のアセンブリ・木取図

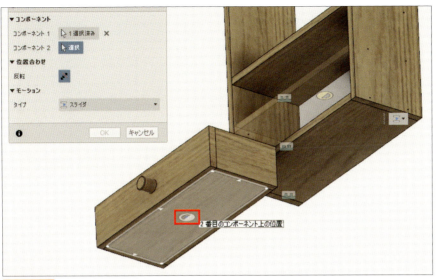

**図 03-22** 引き出しの底の面の中心に現れるジョイントの原点を指定

　2つ目のジョイントの原点を指定すると、アニメーションでスライドの方向を示してくれます。意図しない方向にスライドしていたら、「ジョイント」のウィンドウにて、「スライド」の▼をクリックしてスライドの方向を変更します（**図 03-23**）。

　変更した方向を確認したい場合、「アニメーション」の右隣りの再生ボタンのアイコン ▶ をクリックすると、再度アニメーションが再生されます。


　**図 03-23** の「ジョイント」ウィンドウでは「Y軸」が適切な方向になっていますが、「スライド」の軸を設定したあと、アニメーションで引き出しが動く方向を確認して、最後に「OK」をクリックしましょう。

**図 03-23** スライドの方向を指定

引き出しが逆向きにジョイントしていれば、いったんツールバーから「元に戻す」をクリックして（ショートカットキーは Ctrl キー + Z キー）、ジョイントを取り消して、再度ジョイントを行い、「ジョイント」ウィンドウにて「反転」をクリックしてからジョイントしてください。

ジョイントを設定したら、マウスで引き出しをドラッグして、引き出しが動くことを確認してください（図03-24）。うまくドラッグできない場合、ブラウザ上で、「引き出し」を選択してから、デザイン画面上の引き出しドラッグしてみてください。

図03-24 引き出しをドラッグして移動

引き出しを動かすと、ツールバーに「位置」の項目が増えます。「元に戻す」を選択すると、引き出しが「元の状態」、つまり閉じます。「位置をキャプチャ」を選択すると現在の位置が、それ以降の「元の状態」になります（図03-25）。

図03-25 ツールバーの「位置」

正しく設定できたら、もうひとつの引き出しも追加し、ジョイントを設定します。これで、アセンブリは完成です。ジョイントのグリフの表示を非表示にするために、ブラウザでジョイントを非表示にします（図03-26）。

上書き保存して、終了します。

図03-26 ジョイントを非表示にする

# 木取図

棚（スパイスラック）を組み立てたことで、アセンブリ機能で確認できる範囲では、作成したコンポーネントの寸法に、誤りがないことが確認できました。ここでは、木取図を作成してみましょう。

## ● 木取図とは

　機械製図のスタイルで、図面を作成する方法について、説明してきました。ここで、あらためて、木工工作品の図面について考えてみます。

　日用工作で作成する物のほとんどは、複雑な形状ではありません。そのほとんどが、同じ厚さの板を切り出しているので、同じ厚さで、長さと幅だけが異なります。角材の場合であれば、角材の種類と長さだけで表現できることになります。

　材料を切断する際に、寸法指定の読み違いを避ける、図面の表現はないものでしょうか。調べてみると、以下の図が存在します。

・姿図

・木取図

・組立図

　姿図は、すでに説明した、等角図の別名です。3D-CADでは、画面キャプチャでも問題ないと思います。組立図についても、すでに、作成方法について説明しています。

　木取図とは、材料をどのように切断するのかを示す図になります（**図 04-01**）。

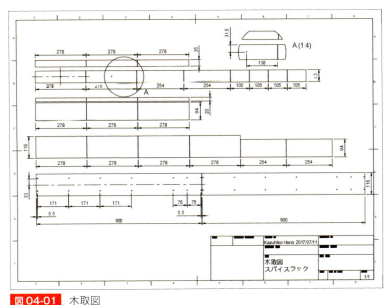

**図 04-01** 木取図

作成するコンポーネントを表現するのに、木取図が適しているといえます。ただし、Fusion 360では、木取図を作成する特別な機能は用意されていないので、自分で作成する必要があります。

本書では、アセンブリ機能を使って木取図を作成します。<mark>木取する材料の大きさのスケッチを描きその上にモデリングしたコンポーネントを配置</mark>してみます。

今回作成したスパイスラックは、1820㎜ × 120㎜の野地板を使用して作成することを想定しています。

ただし、節や割れ目のない集成材や合板でない限り、節や割れがあるので、木取する材料に合わせるため、最低限必要な材料の量が推測できるだけです。

スケッチで、コンポーネントを切り出す部材の寸法の1820㎜ × 120mm の矩形を複数作成し、その上に、モデリングしたコンポーネントを配置することで、木取図を作成することにします。

## ▶ スケッチを作成

最初に新規デザインファイルを作成します。作成したファイルは「木取図（スパイスラック）」の名前を付けて保存します。

モデリングする際、位置をわかりやすくするために、原点を表示し、基準平面は非表示にします（**図04-02**）。

図04-02　基準軸を表示

ツールバーから「スケッチを作成」を選択します（**図04-03**）。

図04-03　「スケッチを作成」を選択

スケッチ平面を選択します（**図04-04**）。

ツールバーの「スケッチ」から、「長方形」→「2点指定の長方形」を選択します（**図04-05**）。

図04-04　平面を選択

Chapter **6**

棚（スパイスラック）のアセンブリ・木取図

図 04-05 「2 点指定の長方形」を選択

長方形を描き、サイズを 1820㎜× 120㎜とします（図 04-06）。

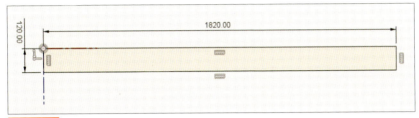

図 04-06 長方形を描きます。

ツールバーの「スケッチ」から、「矩形状パターン」を選択します（図 04-07）。

図 04-07 「矩形状パターン」を選択

「矩形状パターン」ウィンドウにて表 04-01 のパラメータを設定します（図 04-08）。

| パラメータ | 設定値 |
|---|---|
| オブジェクト | 長方形の 4 つの辺を選択 |
| 距離タイプ | 間隔 |
| 数量 | 1 |
| 距離 | 指定しない |
| 数量 | 6 |
| 距離 | 200 |
| 方向のタイプ | 1 方向 |

表 04-01 「矩形状パターン」のパラメータ

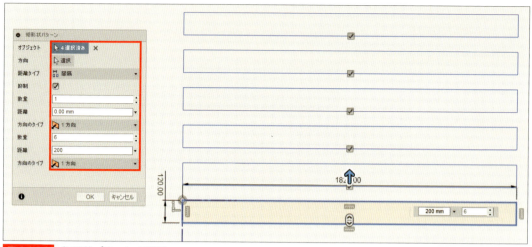

**図04-08** 矩形状パターンで複写

　なお、ここで「数量」に「6」を設定しているのは、現段階では1820㎜ × 120㎜の野地板の必要枚数が判断できないので、多めに用意しておきます。

　スケッチが作成できたら、ツールバーから「スケッチの停止」をクリックしてスケッチを終了します。

## ● コンポーネントを配置

　データパネルから「900 × 116 × 11」（側板）をドラッグ＆ドロップして追加します（**図04-09**）。

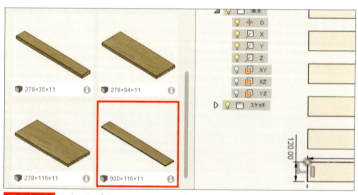

**図04-09** データパネルから、コンポーネントを追加

　「移動 / コピー」ウィンドウが開くので、「タイプ移動」で「点から点」を選択し❶、移動させるコンポーネントの基準位置をクリックし❷、次にその基準位置を移動させる位置をクリックし❸、最後に「OK」をクリックします❹（**図04-10**）。位置の指定の際、マウスカーソルを近付けると○のグリフが表示されます。

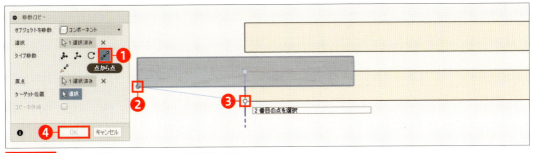

**図 04-10** タイプ移動で、スケッチに配置します

　ブラウザ上で、さきほど追加したコンポーネントを右クリックして、メニューから「移動 / コピー」を選択します。ショートカットキーは、Mキーです。ショートカットキーを使えば、コンポーネントを選択し、Mキーを押すと移動コマンドが利用できます。

　「移動 / コピー」ウィンドウが開くので、タイプ移動で「点から点」を選択します❶。次に、「コピーを作成」にチェックを入れます❷。続いて、「原点」の右をクリックして❸、移動するコンポーネントの基準位置をクリックし❹、「ターゲット位置」の右をクリックして❺、移動させるコンポーネントの基準位置を指定し❻、「OK」をクリックします❼（**図 04-11**）。

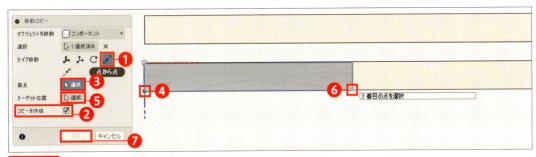

**図 04-11** コンポーネントをコピーする

　このように、必要な部材をスケッチに合わせて、貼り付けていくことで木取図を作成します（**図 04-12**）。問題は、必要な部材の数を自分で数えて、配置していく必要があることです。

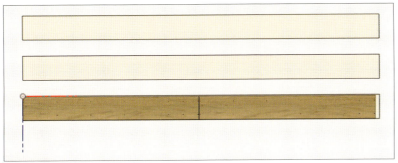

**図 04-12** スケッチ上にコンポーネントを配置

# ▶「移動 / コピー」コマンドの注意事項

「移動 / コピー」は、ブラウザ上で右クリックして表示されるメニューから選択するだけでなく、ツールバーの「修正」からも選択することができます（**図 04-13**）。

**図 04-13**　修正ドロップダウンから「移動 / コピー」を選択

また、コンポーネントを選択した状態で、右クリックして表示されるマーキングメニューに、直前のコマンドが表示されるので、そこから、コマンドを使用することができます（**図 04-14**）。ここでは、「移動 / コピー」を複数回使用するので、ショートカットキーである M キーを押すのが、最もかんたんな方法です。

なお、「移動 / コピー」コマンドがうまく動作しないと感じることがあります。

多くの場合、移動・コピーする対象がうまく選択できていないことが原因です。「移動 / コピー」する対象を選択しないまま、「移動 / コピー」コマンド起動すると、「移動 / コピー」ウィンドウにて、コンポーネントを選択できないからです。

このような場合、「移動 / コピー」ウィンドウの「オブジェクトを移動」の項目は、「ボディ」になっています（**図 04-15**）。

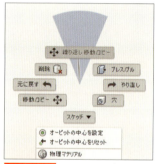

**図 04-14**　マーキングメニューに直前に使用したコマンドが表示される

**図 04-15**　「移動 / コピー」ウィンドウ

Chapter
6
棚（スパイスラック）のアセンブリ・木取図

移動・コピーする対象物はここでは、コンポーネントになるので、「オブジェクトを移動」の項目を、「コンポーネント」に変更してから、移動・コピーする対象物を選択する必要があります（図04-16）。

また、「移動 / コピー」ウィンドウにて、「原点」や「ターゲット位置」を「選択」よりさきに指定していると、移動・コピーするコンポーネントを「選択」で指定することができません。

図04-16 「オブジェクトを移動」のメニュー

## ▶ 追加するコンポーネントとその数

配置するコンポーネントの一覧を**表04-02**にまとめます。

| 位置 | コンポーネント | 数量 | 説明 |
|---|---|---|---|
| ❶ | 900 × 116 × 11 | 2 | 側板　追加済 |
| ❷ | 278 × 116 × 11 | 4 | 棚板（引き出し上下） |
| ❸ | 278 × 94 × 11 | 3 | 棚板（落下防止付） |
| ❹ | 278 × 20 × 11 | 3 | 棚板落下防止前面 |
| ❺ | 278 × 35 × 11 | 3 | 棚板落下防止背面 |
| ❻ | 276 × 63 × 11（取手） | 2 | 引き出し前面（取手） |
| ❼ | 254 × 63 × 11 | 2 | 引き出し背面 |
| ❽ | 105 × 63 × 11 | 4 | 引き出し側面 |
| ❾ | 254 × 94 × 11 | 2 | 引き出し底面 |

**表04-02** 配置するコンポーネントとその数

**表04-02**のコンポーネントをすべて配置すると、1820㎜ × 120㎜の野地板が4枚必要とわかりました。最初に、1820 × 120 の矩形を6つ用意しておきましたが（P.218）、2枚が不要になったので、この段階で削除しておきましょう。

履歴から、矩形を描いたスケッチのアイコンをダブルクリックします。続いて、マウスでドラッグして囲むことで選択状態にする矩形選択を使って、不要な矩形を選択し（**図04-17**）、Del キーを押す、あるいは、右クリックしてマーキングメニューから「削除」を選択してください。

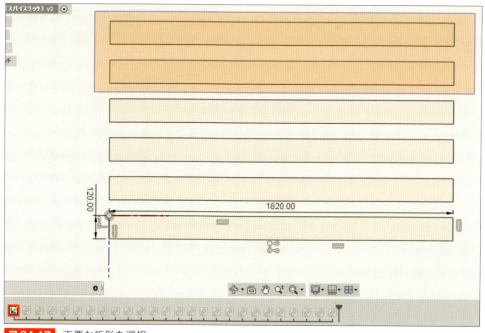

**図04-17** 不要な矩形を選択

削除する際、警告が表示されますが（**図04-18**）、パターンでコピーされたオブジェクトを削除しているので、問題は起こりません。そのため、気にする必要はありません。

**図04-18** パターンで作成したスケッチを削除した際に表示される警告

ツールバーから「スケッチを停止」を選択すると、自動で変更が反映されます。

4個の矩形が残ったので、**図04-19**のように、すべてのコンポーネントを配置します。最後に、<mark>ブラウザで原点を非表示</mark>にし、上書き保存して終了します。

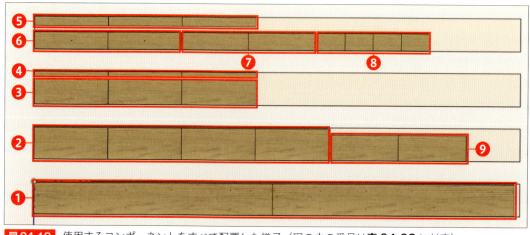

**図04-19** 使用するコンポーネントをすべて配置した様子（図の中の番号は**表04-02**に対応）

# 図面の作成

アニメーション作業スペースに移動します（**図04-20**）。

**図04-20** アニメーション作業スペースに移動

ファイルドロップダウンから、「新規図面」→「アニメーションから」を選択します（**図04-21**）。「バージョンの説明を追加」のウィンドウが表示されるので、「OK」をクリックします。

**図04-21** アニメーションから新規図面を作成

「図面を作成」のウィンドウが表示されるので、「OK」をクリックします（**図04-22**）。

**図04-22** 「図面を作成」ウィンドウ

図面が作成され、「図面ビュー」ウィンドウが開きます。「方向」を「上」に指定し、「尺度」を図枠いっぱいになるように変更します（**図04-23**）。用紙サイズA3の時は「1：5」が適切でした。

図枠内に、クリックしてベースビューを配置し、「OK」をクリックします。

**図04-23** 「図面ビュー」ウィンドウの設定

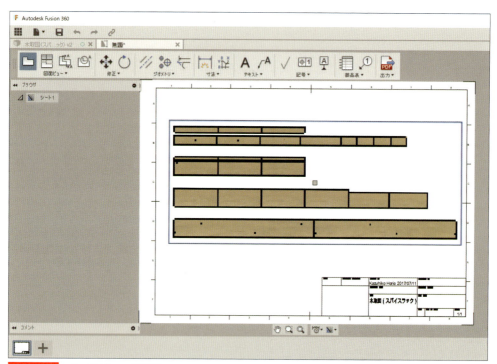

**図 04-24** ベースビューを配置

　図面が表示されます（**図 04-25**）。材料の輪郭として使用したスケッチは図面に描かれていませんが、利用目的から特に問題ないので、このまま進めます。

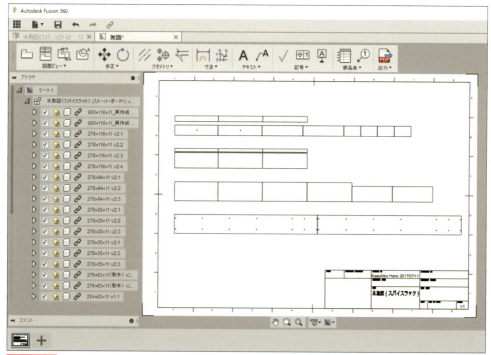

**図 04-25** 表示された図面

右下の表題欄の内容を記入したり、修正したりする場合、表題欄枠をダブルクリックして、「表題欄」ウィンドウの入力ウィンドウを表示し、修正します（**図 04-26**）。

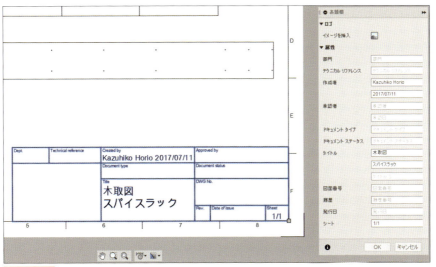

**図 04-26** 表題欄の枠をダブルクリックして、表題欄ウィンドウを表示する

次に寸法を指定します。ツールバーから「寸法」を選択します（**図 04-27**）。

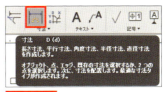

**図 04-27** 「寸法」を選択

寸法を指定する辺を選択するか、2 点を指定したあと、マウスをドラッグして、寸法値の位置を移動します（**図 04-28**）。

**図 04-28** 寸法を指定

続いて、直列寸法を追加します。ツールバーの「寸法」から「直列寸法」を選択します（**図 04-29**）。

なお、直列寸法とは、連続して、寸法を横に並べて記載していく機能です。最初に入力した寸法で、寸法の始点と終点を指定したあと、終点を連続して指定することで、同じ直線上にある寸法を連続して記入できます。

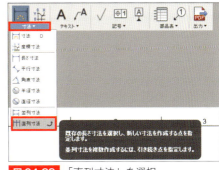

**図 04-29** 「直列寸法」を選択

「直列記入の寸法オブジェクトを選択」と表示されるので、すでにある寸法をクリックして選択し❶、次の直列寸法を指定する「端点」をクリックして❷指定します（図04-30）。

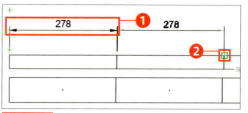

図04-30　直列寸法を追加

直列寸法の追加を終了するには、Enterキーを押すか、右クリックしてマーキングメニューを表示し、「OK」を選択します（図04-31）。

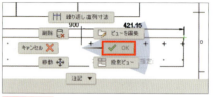

図04-31　直列寸法の追加を終了する

なお、入力した寸法の位置を修正する場合、寸法を選択し、寸法の矢印のさきにある灰色の四角をドラッグします（図04-32）。

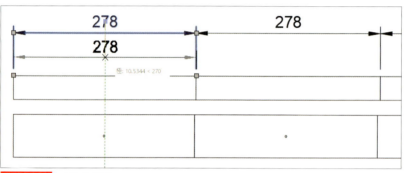

図04-32　寸法を修正

すべて寸法を入力したものが図04-33です。「木取図　図面」として保存します。

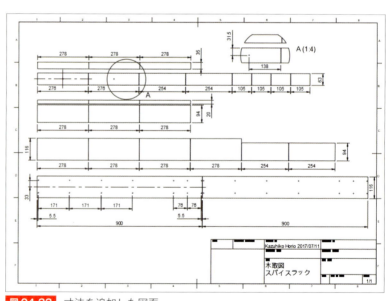

なお、Fusion 360からは直接印刷することはできません。PDF形式で保存して別のソフトから印刷ください。

図04-33　寸法を追加した図面

Chapter **7**

壁掛け棚
（ウォールシェルフ）

# SECTION 01 デザインをコピーする

すでに存在するデザインを利用して、別のデザインを作成すると、ゼロから新たに作成するより、かんたんです。ここでは、スパイスラックを利用して、新しいデザインを作成してみましょう。

## ▶ 新規フォルダの作成

Fusion 360 では、ほかのデザインを参照して作成したデザインは、参照元のデザインとリンクされています。そのため、参照元のデザインを修正すると、そのデザインを使用しているデザインに修正されたことが伝わり、データを更新すると自動で作成中のデザインも修正されます。

しかし、作成済みのデザインを汎用コンポーネントとして扱い、複数の派生品を作成するには、参照元のデザインの修正が伝播しないように配慮することも必要です。

具体的には、コピー機能を利用して、リンクされていないデザインを使う必要があります。

今回は、スパイスラックで作成したデザインを再利用して、壁掛け棚を作成します（**図 01-01**）。

**図 01-01** 壁掛け棚（ウォールシェルフ）

最初に、データパネルで新規フォルダを「木工品」フォルダ（P.23）の下に作成します。フォルダ名は「壁掛け棚」とします（**図 01-02**）。

壁掛け棚

**図 01-02** 「新規フォルダ」をクリックし「壁掛け棚」フォルダを作成

## ● コピー

「スパイスラック」フォルダに移動し、アセンブリ
ファイル「棚板（落下防止）」上で右クリックし表示
されたメニューから「コピー」を選択します（**図
01-03**）。

図01-03 メニューからコピーを選択

「コピー先」ウィンドウが表示されます。そこで、
「コピー先（貼り付け先）」のフォルダとして、さきほ
ど作成した「壁掛け棚」を指定し「コピー」をクリッ
クします（**図01-04**）。

**図01-04**「コピー先」ウィンドウ

「壁掛け棚」フォルダに、デザインがコピーされまし
た（**図01-05**）。これで、「壁掛け棚」フォルダにあ
る「棚板（落下防止）」デザインを編集しても、「スパ
イスラック」フォルダにある「棚板（落下防止）」デ
ザインは変更されなくなりました。

**図01-05**「壁掛け棚」のフォルダにコピーされた

# 02 デザインを修正する

スパイスラックのために作成したサブ・アセンブリ「棚板（落下防止）」のデザインを修正して、壁掛け棚を作成していきましょう。

## ▶ 名前を付けて保存して置換

「棚板（落下防止）」をコピーしたことで、「スパイスラック」フォルダにある「棚板（落下防止）」に影響を及ぼすことはなくなりました。

しかし、このサブ・アセンブリに使用しているコンポーネントは元のアセンブリのコンポーネントの参照を使用しているため、変更すると同じコンポーネントを利用しているアセンブリに影響を与えてしまうのです。

影響を与えないように修正するためには、リンクを解除してから、デザインを変更する必要があります。

最初に、背面の落下防止用の板のサイズを変更します。データパネルから「棚板（落下防止）」をダブルクリックして開きます。

変更する前に、元のデザインから独立させます。デザイン画面で変更したいコンポーネントを選択すると、ブラウザ上で対応するコンポーネントに点線の下線が表示されます。下線が表示されたコンポーネントを右クリックし表示されたメニューから「名前を付けて保存して置換」を選択します（**図02-01**）。

**図02-01** ブラウザから「名前を付けて保存して置換」を選択

置換されたことがわかりやすいように、これから変更する寸法を示す「278 × 75 × 11」に名前を修正し、「位置」に「壁掛け棚」フォルダを指定します（**図02-02**）。

**図 02-02** 「名前を付けて保存して置換」ウィンドウ

## ● スケッチの修正

保存したファイル「278 × 75 × 11」を開きます。データパネルからも開くことができますが、ブラウザからも開くことができます（**図 02-03**）。データパネルから開くと、アセンブリで利用していない別のファイルを開く可能性があるので、ブラウザから開くことをお勧めします。

**図 02-03** ブラウザから右クリックで開く

履歴からスケッチのアイコンをダブルクリックして修正します（**図 02-04**）。

寸法を**図 02-05** のように変更し、ツールバーの「スケッチを停止」をクリックします。

**図 02-04** 履歴から、スケッチを修正

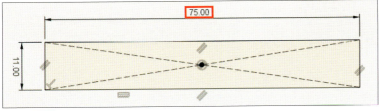

**図 02-05** 寸法を変更してスケッチを修正

スケッチを閉じると、形状が追従して変化します（**図02-06**）。上書き保存して終了です。

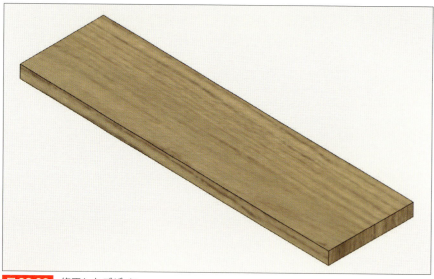

**図02-06** 修正したデザイン

## ▶ デザインの更新

タブをアセンブリファイルに切り替えます。参照しているデザインが更新されたことがアイコンで示されています（**図02-07**）。

**図02-07** デザインが最新の状態でないことを示すアラート

一番上のクイックツールバーに表示されている黄色の三角アイコンをダブルクリックして、デザインを更新します。

履歴から背面の板のジョイントを編集します。ブラウザでジョイントを表示して、履歴上のジョイントにカーソルを重ねると、デザイン上に表示されているグリフ表示が強調表示されるので、編集すべきジョイントの位置がかんたんにわかります（**図02-08**）。

履歴から編集するジョイントのアイコンをダブルクリックします。

図02-08　履歴から、ジョイントを編集

下側の矢印をクリックしたあと、「Yをオフセット」を「40」に設定します（**図02-09**）。

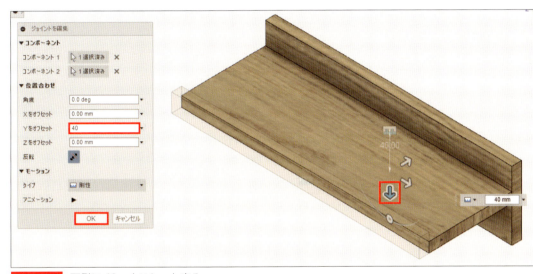

図02-09　下側に40mmオフセットする

変更できました（**図02-10**）。

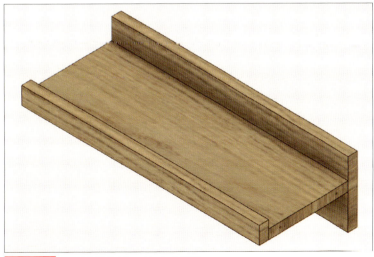

図02-10　背面の板のジョイントを変更

Chapter

7

壁掛け棚　（ウォールシェルフ）

**SECTION**

# 03

# 側板を作成する

棚の上に物を置いても壊れないように側板を追加します。側板は、作成する必要があります。すでに存在するコンポーネントの形状を利用して作成するため、アセンブリファイルの中で、新たなコンポーネントを作成します。

## ▶ コンポーネントのアクティブ化

ブラウザで、一番上の要素の上で右クリックし、表示されたメニューから「新規コンポーネント」を選択します（**図 03-01**）。

最初にコンポーネントを作成するのは、<mark>作成したスケッチは、あとから、コンポーネントに移動することができない</mark>からです。

また、コンポーネントを独立させる可能性がある場合、あらかじめ、コンポーネントを作成し、そのコンポーネントをアクティブ化させてからスケッチを作成する必要があります。

**図 03-01**　新規コンポーネントを作成

なお、デザインを作成途中で保存し、Fusion 360 を終了したあと、<mark>再度、Fusion 360 を起動して編集する場合、最上位のコンポーネントがアクティブ化</mark>されています。

その際、編集するコンポーネントをアクティブ化してから、編集する必要があるので、注意してください。

<mark>ブラウザ上で作成したコンポーネントの右側に、黒丸が付いています。これは、このコンポーネントがアクティブ化されていることを示しています</mark>（**図03-02**）。この状態で操作を行うと、このコンポーネントの下にコンポーネントが配置されます。

**図 03-02**　追加したコンポーネントはアクティブ化される

Chapter

**7**

壁掛け棚（ウォールシェルフ）

今回、「棚板（落下防止）」ファイルの中に、新規コンポーネントを追加しました。このように、Fusion 360 では1つのデザインファイルの中で、複数のコンポーネントを扱うことができることがわかります。

ただし、<mark>同時に複数のコンポーネントを操作することはできません。アクティブ化されたコンポーネントのみが操作対象になります</mark>。

## ▶ 交差

スケッチする前に、スケッチする面を選択します（**図 03-03**）。続いて、ツールバーの「スケッチ」から「スケッチを作成」を選択します。

ツールバーの「スケッチ」から「プロジェクト / 含める」→「交差」を選択します（**図 03-04**）。交差は第 5 章 Sec.03（P.162 ）で使用していますが、立体モデルからスケッチを作成する際、「プロジェクト」と「交差」はよく使う機能です。

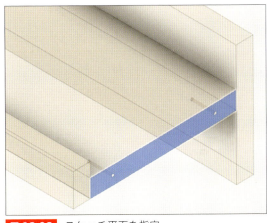

**図 03-03** スケッチ平面を指定

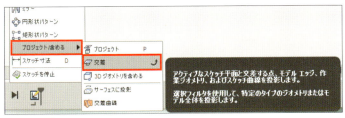

**図 03-04** 「交差」を選択

<mark>「プロジェクト」は、立体をスケッチ平面に平行に投影したときの形状をスケッチとして取得します。「交差」は、立体とスケッチ平面が交差する線を取得します</mark>。

「交差」ウィンドウと「プロジェクト」ウィンドウにある、「選択フィルタ」では「指定したエンティティ」と「ボディ」が指定できます。<mark>「指定したエンティティ」はひとつひとつのエンティティ、つまり平面や稜線などの形状をひとつひとつ選択し、スケッチを取得します。「ボディ」は指定したボディに含まれるすべてのエンティティから、スケッチを取得します</mark>。

ここでは、すでにあるコンポーネントの形状を参考にして、側板の形状を作成するために「指定したエンティティ」に設定します。

クリックしてスケッチに必要な交差を取得します（**図 03-05**）。交差やプロジェクトで、取得した形状は元の立体の形状を参照しています。そのため、<mark>参照した立体がなくなるとエラーが発生</mark>します。その際は、あらためてスケッチを描き直してください。

なお、参照した立体の形状変化には追従しますが、なんらかの問題が発生した場合、エラーが発生します。その際は、手動でスケッチを修正する必要があります。

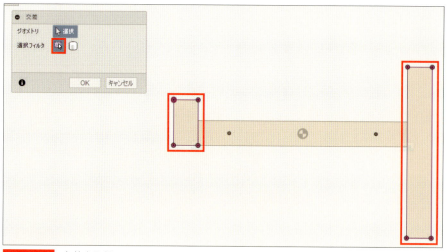

**図03-05** 交差を取得

ツールバーの「スケッチ」から「円弧」→「3点指定の円弧」を選択します（**図03-06**）。

**図03-06** 「3点指定の円弧」を選択

指定する3点は、「始点」「終点」「円弧上の点」の順番にクリックして指定していきます。

最初に、円弧の「始点」を指定します（**図03-07**）。Fusion 360では、スケッチごとにスナップ可能な点が異なります。「3点指定の円弧」では交差で位置の参照を明示しなくてもスナップが可能です。

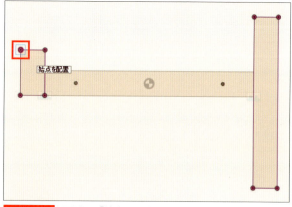

**図03-07** 円弧の「始点」を指定

次に、円弧の「終点」を指定します
（**図03-08**）。

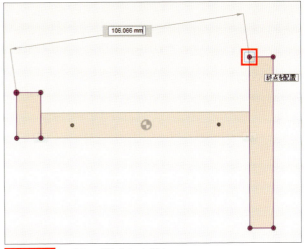

図03-08 円弧の「終点」を指定

最後に、マウスカーソルの左側に接
線のグリフが表示されたことを確認し
て、**図03-09**のように、「円弧上の
点」を指定します。左側に接線拘束の
グリフが現れるので、それを目安にし
てください。

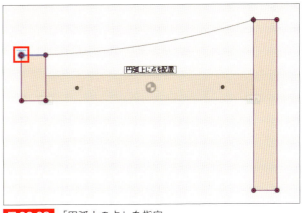

図03-09 「円弧上の点」を指定

指定すると、円弧が描かれ、「接線」
のグリフが表示されます（**図03-
10**）。

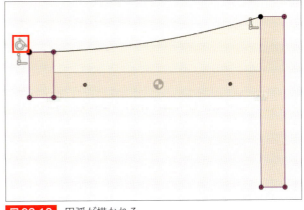

図03-10 円弧が描かれる

グリフが表示されていない場合、スケッチパレットの拘束から、「接線」を使用して指定できます（**図03-11**）。

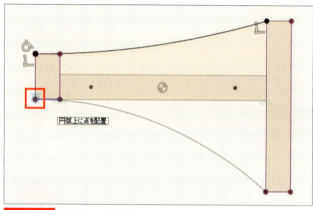

**図03-11**
「スケッチパレット」ウィンドウの「接線」

下側も同じように円弧を作成します。「円弧上の点」を指定する際、マウスカーソルの左側に接線拘束のグリフが現れたところでクリックして確定します（**図03-12**）。

Esc キーを押して「円弧」ツールを終了します。

**図03-12** 下側も円弧を描く

不要の線を選択し、Del キーを押して削除します。作図線として残したい場合、線を Ctrl キーを押しながら順番に選択したあと、右クリックし、「標準 / コンストラクション」を選択します（**図03-13**）。あるいは、ショートカットキーである X キーを押します。

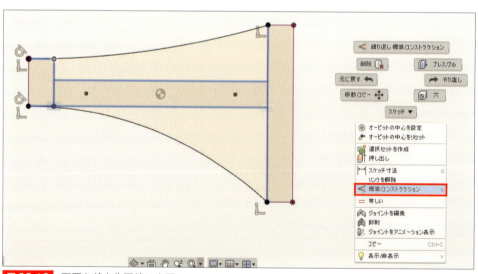

**図03-13** 不要な線を作図線に変更

スケッチが作成できました（**図
03-14**）。形状を確認し、問題ないな
らばスケッチを停止します。

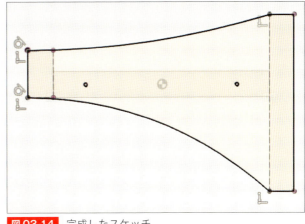

**図03-14** 完成したスケッチ

## ▶ 押し出し

見やすくするために、ほかのコンポーネントを
非表示にします（**図03-15**）。

**図03-15** ほかのコンポーネントを非表示にする

ツールバーの「作成」から「押し出し」を選択
し、押し出すスケッチを選択し、「押し出し」
ウィンドウにて、「方向」を「対称」、「計測」を
「全体の長さ」、「距離」を「11」に指定して
「OK」をクリックします（**図03-16**）。

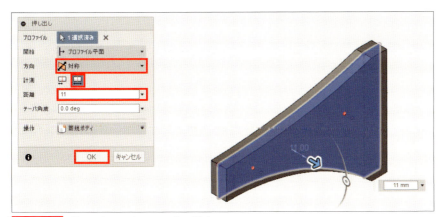

**図03-16** 「押し出し」ウィンドウの設定

これで、側板の形状が完成しました（**図 03-17**）。

**図 03-17** できあがった側板の形状

## ▶ テクスチャ

ツールバーの「修正」から「物理マテリアル」を選択します（**図 03-18**）。

「ライブラリ」の「木材」から「木材」を、ブラウザ上の追加したコンポーネントの下にある「ボディ」にドラッグ＆ドロップします（**図 03-19**）。

**図 03-19** 「木材」を「ボディ」に

**図 03-18** 「物理マテリアル」を選択

物理マテリアルが設定できました（**図 03-20**）。

**図 03-20** 物理マテリアルが設定された

続いて、レンダリング作業スペースに移動します（**図03-21**）。

ツールバーから「テクスチャマップコントロール」を選択します（**図03-22**）。

図03-22　「テクスチャマップコントロール」を選択

「テクスチャマップコントロール」のウィンドウが表示されるので、「選択」でブラウザにて「ボディ」をクリックして選択し、「投影タイプ」に「直方体」を選択します（**図03-23**）。操作ハンドルをドラッグしてテクスチャを回転し、木目の向きを変えます。

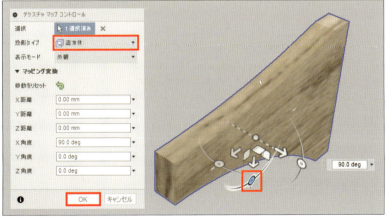

図03-23　「テクスチャマップコントロール」のウィンドウ

Chapter
7

壁掛け棚（ウォールシェルフ）

「OK」をクリックして「テクスチャマップコントロール」を終了させ、作業スペースを「モデル」に移動します（**図03-24**）。

## ● コピーに名前を付けて保存

今回作成した側板は、アセンブリファイル内に新規に追加したコンポーネントです。この側板を、ほかのコンポーネントと同様に、壁掛け棚以外でも利用したい場合、別ファイルとして保存する必要があります。

その場合、ブラウザ上で、別ファイルで管理したいコンポーネントを右クリックして、「コピーを名前を付けて保存」を選択します（**図03-25**）。

図03-25 「コピーを名前を付けて保存」を選択

「側板」という名前で保存します（**図03-26**）。

図03-26 「側板」という名前で保存

「側板」コンポーネントが作成で
きました。非表示にしておいたコ
ンポーネントの電球アイコンを点
灯状態にして表示し、<mark>ここまで作</mark>
<mark>業してきたコンポーネントを削除</mark>
します。ブラウザでコンポーネン
トを右クリックして「削除」を選
択します（**図03-27**）。

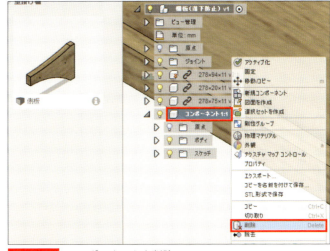

**図03-27** コンポーネントを削除

「削除に関する警告」が表示され
ますが、「削除」を選択します
（**図03-28**）。

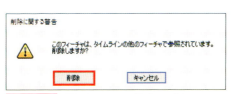

**図03-28** 「削除に関する警告」が表示

## ● アセンブリ

ブラウザを使って、P.239で非表示にしたコンポーネントの電球アイコンを点灯状態にします。
データパネルから「側板」を追加し、重ならないように配置します（**図03-29**）。

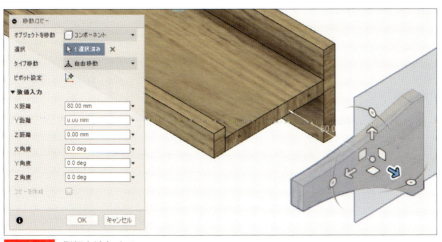

**図03-29** 側板を追加する

側板の作図用の面（コンストラクション）が表示されているので、コンポーネントを開いて、コンストラクションを非表示にします。

データパネルから開くのではなく、==ブラウザ上で該当するコンポーネントを右クリックして「開く」を選択すると、リンクされているファイルと別のファイルを開く可能性がなくなる==のでお勧めです（**図03-30**）。

「側板」のデザイン画面が開くので、==ブラウザからコンストラクションの電球アイコンを非表示==にして、作図用の面を非表示にします（**図03-31**）。保存して終了します。

図 03-31　コンストラクションを非表示にする

棚板のアセンブリファイルに戻り、==警告のアイコンをダブルクリックして、コンポーネントを更新==します（**図 03-32**）。

図 03-32　コンポーネントを更新する

ツールバーの「アセンブリ」から「ジョイント」を選択し、**図03-33** のように、ジョイントの原点を指定します。

![図03-33 ジョイントの原点を指定]

図 03-33　ジョイントの原点を指定

側板側のジョイントの原点を、**図03-34** のように、指定します。

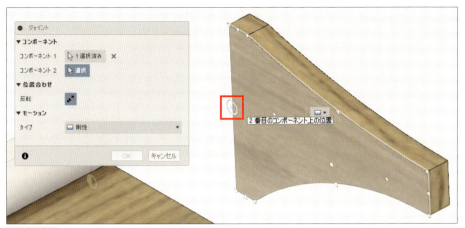

**図03-34** 側板側のジョイントの原点を設定

「ジョイント」ウィンドウで「タイプ」に「剛性」を選択し「OK」をクリックします（**図03-35**）。

**図03-35** 「タイプ」に「剛性」を選択して「OK」をクリック

ブラウザ上で、「側板」を右クリックして「移動 /
コピー」を選択します（**図03-36**）。

**図03-36** 「移動 / コピー」を選択

「移動 / コピー」ウィンドウにて、「コピーを作成」にチェックを入れ❶、操作ハンドルをドラッグ
して、重ならない位置にコピーを配置します❷（**図03-37**）。最後に「OK」をクリックします❸。

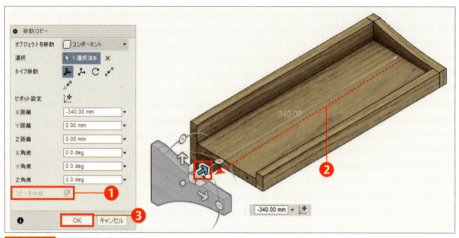

**図03-37** コピーを作成

　さきほどと同じように、ジョイントを設定して、完成です。<mark>ブラウザからジョイントの電球アイコンを非表示</mark>にしておきます（**図03-38**）。

**図03-38** 壁掛け棚の完成

　上書き保存してデザインを閉じたあと、データパネルを開きます。「棚板（落下防止）」を右クリックして「名前変更」を選択し（**図03-39**）、「壁掛け棚」に変更します。フォーカスを移動しただけでは、変更されません。<mark>名前を入力したあとで Enter キーを押さないと、変更が確定しないことに注意</mark>してください。これで終了です。

**図03-39** 名前の変更

Chapter **8**

# アルミフレームの
# モデリング

# 01 2D-CADデータを活用する

インターネット上などでは、CADデータが公開されています。第8章では、公開されている2D-CADのデータを有効に利用して、効率的にモデルデータを作成する方法を紹介します。

## ▶ アルミフレームの利点

アルミフレームを例にとり、2D-CADデータを使用して、3Dモデルを作成します。

公開されている2D-CADデータを使用して、3Dモデルを作成できると、モデリングの手間がかなり軽減できます。

アルミフレームは、アルミの押し出し材です。軽く、強度があります。そして、ネジ止めで組み立て、分解することができるので、必要な時に組み立て、不要になったら分解して保管し、再度別の形状に組み立てることができます。

木材は、どうしても重さで歪んでしまいます。加重による変形を避け、かつ加工や組み立ても楽に行うには、アルミフレームを使用するのがひとつの方法です。

日用工作では、利用できる材料や加工方法が制約されるので、筐体や枠などを作成する際、アルミフレームはかなり便利です。

## ▶ 2D-CAD データの入手

アルミフレームは各社から、さまざまなものが発売されています。ここでは、個人で入手が容易なヤマト株式会社のアルミフレームをモデリングの題材に利用します。

アルミフレームは、押し出し材のため、断面スケッチがあれば、3D-CADで作成するのは、かんたんです。アルミフレームの形状データは、ヤマトのホームページから入手できます。今回は、ヤマトの「YF-2020-4」の2D-CADデータを利用します。

http://www.yamatoceo.co.jp/product/special/yamato_al_frame/yf_m4.html

上記のサイトから「YF-2020-4」のCADデータをダウンロードしておいてください。

**図 01-01** ヤマトの 2D-CAD データを入手するサイト

次に、外部の dxf ファイルを Fusion 360 で利用する方法を 2 つ紹介します。追加する方法によって取り込まれた図形の寸法が異なりますので注意してください。

# 02 データパネルからアップロードする（dxfファイルの利用法①）

外部の dxf ファイルを利用する方法で最初に解説するのが、データパネルを使って dxf ファイルをアップロードするやり方です。これは、第1章 Sec.03（P.24）でコースレッドを追加したのと同等の方法です。

## ● アップロード

事前に、ダウンロードしておいた「YF-2020-4」の CAD データを解凍しておきます。なお、付属の DVD-ROM には、解凍済みの「YF-2020-4」の CAD データを収録してあります。

また、第8章ではアルミフレームを扱うので、「アルミフレーム」フォルダを作成し、その下に「yf2020」フォルダを作成しておきます。この「yf2020」フォルダでモデリングを行います。

Fusion 360 を起動し、データパネルを表示します。表示されていない場合、左上の「データパネルを表示」をクリックします。

データパネルで作業するフォルダを作成し、そのフォルダに移動します。移動後、「アップロード」をクリックします（**図02-01**）。

図 02-01 「アップロード」をクリック

「アップロード」のウィンドウが表示されます。ダウンロードして解凍した dxf ファイルを、「ファイルを選択」をクリックして dxf ファイルを選択するか、「ここにドラッグアンドドロップ」に dxf ファイルをドラッグ＆ドロップします。選択後、「アップロード」をクリックします（**図 02-02**）。

Chapter
8
アルミフレームのモデリング

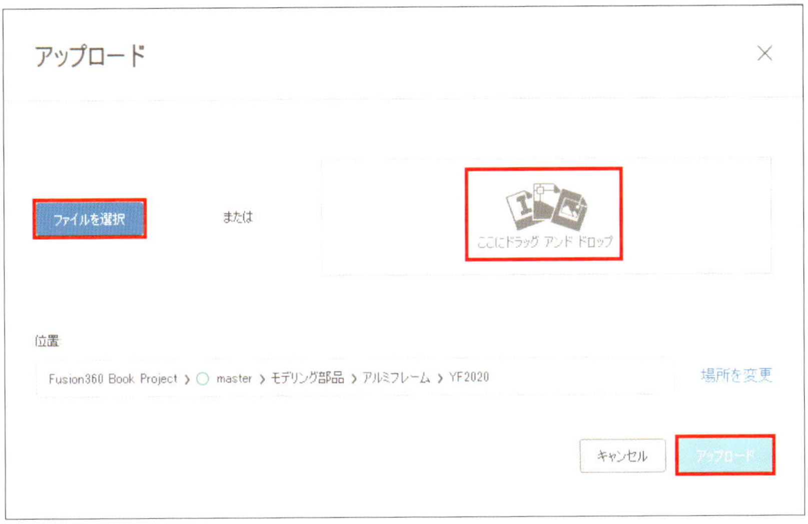

**図 02-02** 「アップロード」のウィンドウ

アップロードが完了したら、「ジョブステータス」のウィンドウを閉じます（**図 02-03**）。

**図 02-03** 「ジョブステータス」のウィンドウ

データパネルにファイルが追加されるので、ダ
ブルクリックして開きます（**図 02-04**）。

**図 02-04** データパネルに、データが追加される

## ▶ 寸法を確認して修正

デザイン画面が開くので、ブラウザの「スケッチ」の中を見ると、dxfデータが格納されていることがわかります（**図02-05**）。

**図02-05** ブラウザ内のスケッチ項目の中にdxfデータがある

原点を表示し、基準平面は、非表示にします（**図02-06**）。

**図02-06** 基準軸を表示

よく見ると、スケッチとして取り込まれたdxfデータは原点から離れて配置されています（**図02-07**）。これは、XY平面上の原点から離れた位置に描かれているためで、ほとんどの2D-CADでは図枠の左下を原点として描くためです。

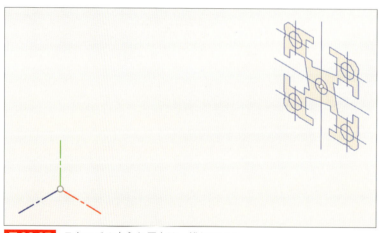

**図02-07** スケッチの中心と原点は、離れている

ブラウザ上で「LAY-2」をダブルクリックして、スケッチを編集します（**図02-08**）。

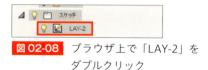

**図02-08** ブラウザ上で「LAY-2」をダブルクリック

スケッチ画面になるので、ツールバーの「スケッチ」から「スケッチ寸法」を選択して、**図 02-09**のように寸法を確認します。

==実際の製品寸法は 20mm ですが、Fusion 360 では 200mm== になっています。dxf データは、単位を持っていないデータ形式です。日本では、単位が付けられていない寸法は、mm の単位を示すことが多いのですが、Fusion 360 の基準単位が cm のため、値が 10 倍になります。

==読み込んだデータの寸法は必ず確認してください。Fusion 360 で、外部 dxf ファイルを利用したデザインを扱うときは、必ず寸法を確認しましょう。==

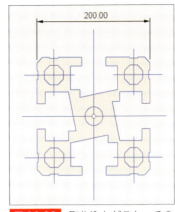

**図 02-09** 取り込んだスケッチの寸法を確認

寸法を確認したら、スケッチを停止します。

スカルプト作業スペースから、モデル作業スペースに移動します（**図 02-10**）。

**図 02-10** モデル作業スペースに移動する

「修正」から「尺度」を選択します（**図 02-11**）。

**図 02-11** 「尺度」を選択

「エンティティ」にブラウザからスケッチ「LAY-2」をクリックして選択し、「点」にスケッチの中心をクリックして選択します。最後に、「尺度係数」に 0.1 を入力し、「OK」をクリックします（**図 02-12**）。

Chapter
**8**
アルミフレームのモデリング

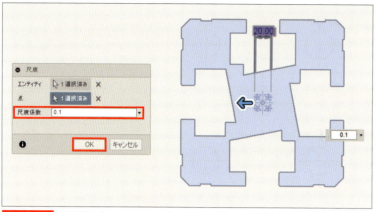

**図02-12** 「尺度」ウィンドウにパラメータを指定

　サイズが小さくなるので、ウィンドウ中央下の
「フィット」をクリックして、拡大します。

　再度、ブラウザから「LAY-2」をダブルクリックし、
スケッチを表示します。寸法が正しく20mmになっ
たことを確認します（**図02-13**）。

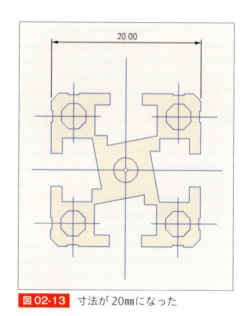

**図02-13** 寸法が20mmになった

## ▶ 中心を原点に移動

　スケッチの中心を原点の位置に移動させま
す。ツールバーの「修正」から「移動 / コ
ピー」を選択します（**図02-14**）。

「オブジェクトを移動」で「スケッチオブ
ジェクト」を選択し、「選択」で「矩形選択」
を使用してスケッチをすべて選択し、「タイ
プ移動」に「点から点」を指定します。続い
て、「原点」の選択アイコンをクリックし、
スケッチの中心を選択します（**図02-15**）。

**図02-14** 「移動 / コピー」を選択

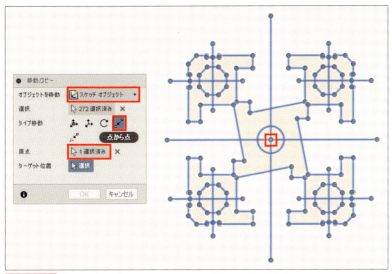

図02-15 「移動 / コピー」ウィンドウのパラメータの指定

「ターゲット位置」の選択アイコンをクリックして、かなり離れた左下にある「原点」をクリックして選択します。スケッチが原点上に移動したのを確認し（**図02-16**）、「OK」をクリックして確定します。

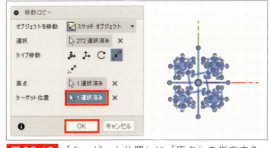

図02-16 「ターゲット位置」に「原点」を指定する

## ▶ 押し出し

再度、ブラウザの「スケッチ」内の「LAY-2」をダブルクリックして、スケッチを編集します。

中心線を、作図線に変更するか、削除します。ここでは、作図線に変更しています。中心線を作図線に変更する場合、中心線を Ctrl キーを押しながらすべて選択し、右クリックし「標準 / コンストラクション」を選択します（**図02-17**）。ショートカットキーは、⊠ キーです。

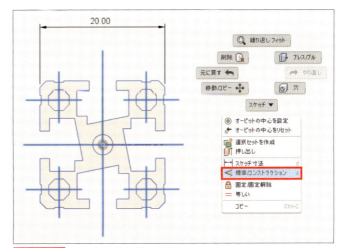

図02-17 中心線を作図線に変更する

作図線に変更すると、実線表示から点線表示に変更されます（**図 02-18**）。

スケッチパレットを表示し、「固定 / 固定解除」を選択します（**図 02-19**）。

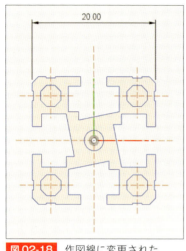

図 02-18　作図線に変更された

図 02-19　「固定 / 固定解除」を選択

スケッチ全体をドラッグして矩形選択し、「固定 / 固定解除」拘束を指定します（**図 02-20**）。そしてスケッチを停止します。

ツールバーの「作成」から「押し出し」を選択します。プロファイルをクリックして選択したあと、「押し出し」ウィンドウにて、「方向」を「対称」に、「計測」を「全体の長さ」に、「距離」を「50」に設定して押し出します（**図 02-21**）。

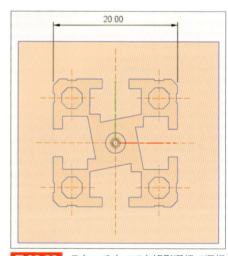

図 02-20　スケッチすべてを矩形選択で選択

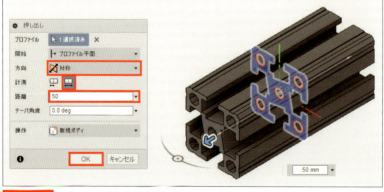

図 02-21　プロファイルを押し出す

Chapter
**8**
アルミフレームのモデリング

ツールバーの「修正」から「物理マテリアル」を選択し、マテリアルを設定します。ヤマトのホームページで確認すると素材は「A6N01S-T5」とあります。しかし、ライブラリには「A6N01S-T5」は存在しないので、「アルミニウム」を選択し（**図02-22**）、ブラウザの「ボディ」にドラッグ＆ドロップします。

**図02-22** 「アルミニウム」を選択

ボディ以外を非表示にして、上書き保存して終了です。

このデザインファイルは、ダイレクトモデリングとして扱われているため、下部に表示されるはずの履歴が表示されません。その代わりに、ブラウザに押し出しの項目が表示されています（**図02-23**）。

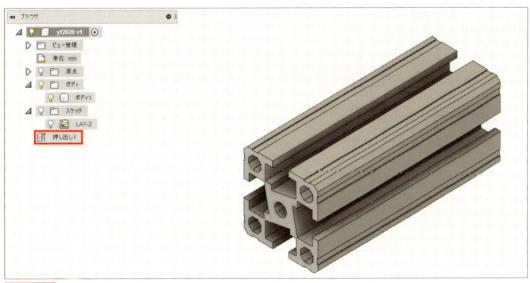

**図02-23** 作成されたアルミフレーム

# 03

# dxfファイルを挿入する
# （dxfファイルの利用法②）

外部の dxf ファイルを利用する方法でもうひとつ解説するのが、dxf ファイルを挿入するやり方です。
ツールバーの「挿入」を利用します。

## ▶ DXF を挿入

　新規デザインを作成し、名前を付けて保存します。ここでは「yf2020_add_dxf」という名前を
付けました。

　ツールバーの「挿入」から
「DXF を挿入」を選択します（**図
03-01**）。

**図 03-01**　dxf を挿入

　「DXF を挿入」ウィンドウが開く
ので、「平面 / スケッチ」でスケッ
チを挿入する平面を選択し（**図
03-02**）、「DXF ファイルを選択」
の右横のアイコンをクリックして挿
入する dxf ファイルを指定します。
ここでは、ダウンロードして解凍し
た「YF-2020-4」の CAD データを
指定します。

　なお、DXF ファイルはクラウドに
アップロードしなくても、パソコン
内のファイルが指定できます。

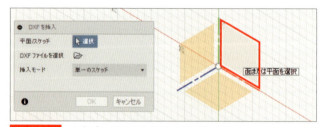

**図 03-02**　dxf データを貼り付ける平面を選択

　原点付近に表示されている「マニュピュレータ」（矢印のアイコン）でスケッチを原点付近に移
動し「OK」を押して確定します（**図 03-03**）。

（左側余白）

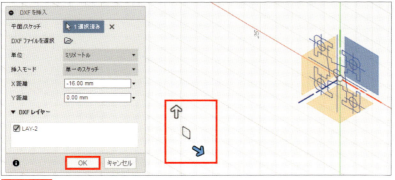

図 03-03　dxf ファイルから挿入したスケッチを原点付近に移動する

## ▶ 寸法を確認

ツールバーの「検査」から「計測」をクリックして選択します（**図 03-04**）。

図 03-04　「計測」を選択

距離を測定したい 2 点を指定します（**図 03-05**）。確認したら、「計測」の「閉じる」をクリックします。

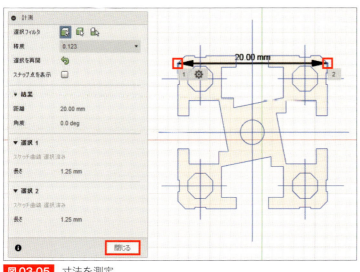

図 03-05　寸法を測定

「DXF を挿入」を利用するとデータパネルから追加した方法とは異なり、意図した寸法指定で dxf データが取り込まれています。Fusion 360 では、dxf ファイルの利用法によって寸法が異なります。注意してください。

## ▶ 中心を原点に移動

今回は寸法が正しいことが確認できたので、スケッチの中心に原点を移動します。ブラウザで、「原点」を表示し「基準平面」は非表示にします。
「修正」から「移動 / コピー」を選択します（**図 03-06**）。

**図 03-06** 「移動 / コピー」を選択

「オブジェクトを移動」で「スケッチオブジェクト」を選択して、矩形選択でスケッチをすべて選択し、「タイプ移動」を「点から点」に指定します。最後に「原点」の選択アイコンを選択してからスケッチの中心を選択し、「ターゲット位置」の選択アイコンを選択してから原点を選択し、「OK」をクリックします（**図 03-07**）。

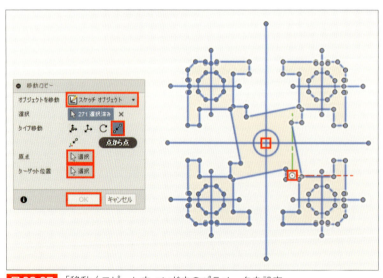

**図 03-07** 「移動 / コピー」ウィンドウのパラメータを設定

スケッチの中心と原点の中心が一致しました。

## ▶ スケッチを編集

　ブラウザ、あるいは履歴で「スケッチ」のアイコンをダブルクリックしてスケッチを編集します（**図 03-08**）。

**図 03-08**
「スケッチ」のアイコンをダブルクリック

　スケッチの中心線を Ctrl キーを押しながらすべて選択し、右クリックでメニューを表示し、「標準／コンストラクション」を選択し、作図線に変更します（**図 03-09**）。

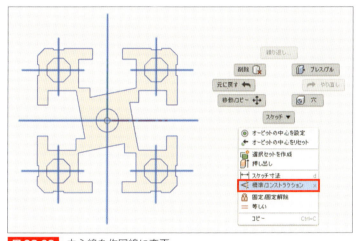

**図 03-09**　中心線を作図線に変更

　「スケッチパレット」の「拘束」から「固定／固定解除」を選択し、続いて矩形選択でスケッチ全体を選択します（**図 03-10**）。これで、拘束が設定できました。スケッチが動かないことを確認したあと、スケッチを停止します。

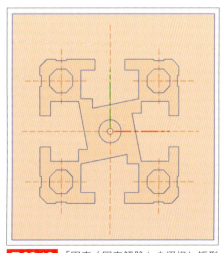

**図 03-10**　「固定／固定解除」を選択し矩形選択でスケッチを選択

Chapter
**8**

アルミフレームのモデリング

Sec.02（P.256）と同様に、押し出して、マテリアルを指定して完成です。必要に応じて、レンダリングしてみてください（**図03-11**）。

**図03-11** アルミフレームのレンダリング画像

これで、アルミの押し出し材のような、平面スケッチに厚みを付けただけの形状を、かんたんにモデリングできます。使用するコンポーネントのデータは積極的に、3D モデリングデータとして作成しておきましょう。

# 04 ジョイント

アルミフレームは、そのスロットに、4角ナットを挿入し、好きな位置でボルトを使って固定できるところが使いやすさのポイントです。アルミフレームと4角ナットをアセンブリしてみましょう。

## ▶ ジョイントの原点の設定

4角ナットをアルミフレームのレールに入れるには、どのようなジョイントの原点を追加すれば使いやすいのかは悩みどころです。

アルミフレームは、レールに4角ナットを入れボルトで固定することができます。そのため、溶接する必要なく、いろいろな構造に組み合わせることができます。

4角ナットに設定するジョイントは、ボルトで締め付けたときに接触するレールの上端の面上にあり、レールに沿ってスライドできる必要があります。そこで、アルミフレームのレールの上端の面上にジョイントの原点を設定します。

なお、スライドジョイントについては、P.211で解説しています。

ここでは、Sec.02（P.250）で作成したアルミフレームではなく、Sec.03（P.258）で作成したアルミフレームのファイルにジョイントを設定していきます。

ジョイントの原点の位置をオフセットで指定するので、まず、距離を測定します。ツールバーの「検査」の「計測」をクリックし、**図04-01**のように寸法を測定します。17mmであることがわかりました。

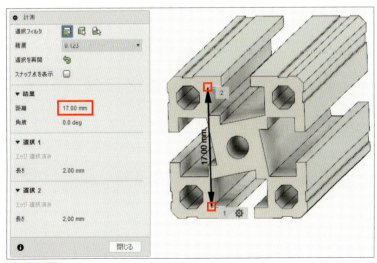

**図04-01**　寸法を測定

これから、モデリングできた yf2020 に、ナットをアセンブリしていきます。そのため、ナットをアセンブリする前に、アルミフレーム側にジョイントの原点を設定しよう思います。ここでは4つのジョイントの原点を、アルミフレームのレールに設定します（**図04-02**）。

**図04-02** アルミフレームのレールにジョイントの原点を4つ設定

これまで学習してきたジョイントは面上にありましたが、今回設定するジョイントは、アルミフレームのレールの中にあり、面上ではなく、2つの面の間に設定します。そのため、工夫が必要になります。

では最初に、**図04-03** の位置にジョイントの原点を設定してみましょう。

**図04-03** 設定するジョイントの原点

ツールバーの「アセンブリ」から「ジョイントの原点」を選択します。「ジョイントの原点」ウィンドウが開くので、「タイプ」に「2つの面の間」を選択し、**図04-04** のように、アルミフレームのレールの2つの面を選択します。

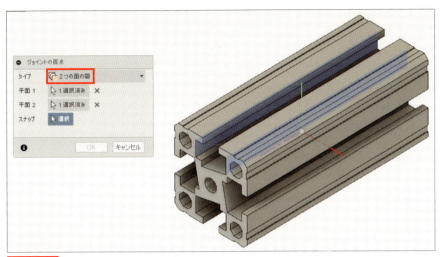

**図 04-04** レールの2つの面を選択

これで、単純に面上ではなく、指定した2つの面の間に、ジョイントの原点を設定できるようになりました。続いて、位置の指定を行います。

ボディを表示していると見づらいため、ブラウザからボディを非表示にし、原点と基準軸のみを表示します（**図 04-05**）。

今回、ジョイントの原点は、原点を基準にオフセットを指定して、位置を決めていきます。

「スナップ」に原点を設定します（**図 04-06**）。

**図 04-05** 基準軸のみを表示

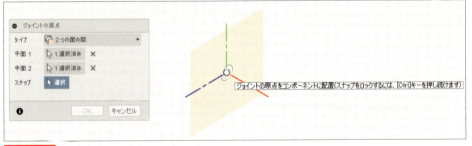

**図 04-06** 原点をクリックしてスナップ

ボディが非表示になり、ジョイントの原点が確認できます。**図 04-03** のようにジョイントの原点を設定したいにもかかわらず、向きが正しくありません。

そのため、「向きを変更」にチェックを入れます。チェックを入れると表示される「Z 軸」に基準軸の Y 軸（緑色）を選択し、ジョイントの原点の向きを変更します（**図 04-07**）。これで**図 04-03** と同じ向きに、ジョイントの原点を設定できるようになりました。

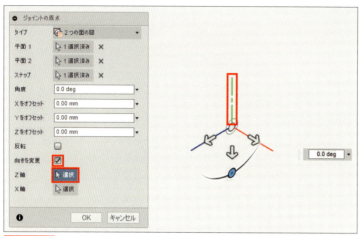

図 04-07 「Z 軸」に基準軸の Y 軸（緑色）を指定する

　最後に、原点からオフセットして、位置を決めます。ジョイントの原点を設置したい方向に矢印のハンドルをドラッグして、数値が変化した入力ボックスに値を入力します。

　ジョイントの原点を設定したい面と面の距離は、さきほど計測して 17㎜ でした。そのため、面と面の中間にジョイントの原点を設定するので、オフセットする値は ± 8.5㎜ となります。

　ここでは、「Z 軸をオフセット」を「8.5」に設定しています（**図 04-08**）。最後に「OK」をクリックして、「ジョイントの原点」ウィンドウを閉じます。

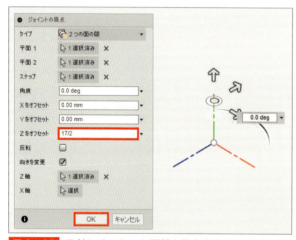

図 04-08 Z 軸にオフセット距離を設定する

　ボディを表示し、ジョイントの原点の位置を確認します。意図したとおりです。「ジョイントの原点」のウィンドウで「OK」を押して（**図 04-09**）、ジョイントの原点を追加します。

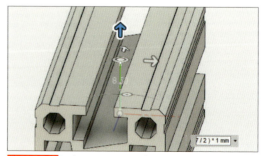

図 04-09 ジョイントの原点とアルミフレームの位置関係

この作業を繰り返し、アルミフレームの
スライド部分4面にすべてジョイントの原
点を設定します（**図04-10**）。

**図04-10** 4面すべてにジョイントの原点を設定した

ジョイントの原点を設定し終えたら、ファイルを上書き保存します。

## ▶ アルミフレームと4角ナットのジョイント

続いて、実際にアセンブリを行い、ジョイントを設
定してみます。

第1章Sec.03（P.24）を参考に、データパネルの
「アップロード」をクリックし、書籍に付属のDVD-
ROMから、4角ナットのファイル（ym04_4角ナッ
ト.f3d）をアップロードしてください。

**図04-11** 4角ナットのデータをアップ
ロード

「アルミフレームと4角ナット」という名前の新しいデザインファイルを作成します。

データパネルから、アルミフレームと4角ナットのデザインをドラッグ＆ドロップして追加し、
重ならないように配置します。追加するアルミフレームは、ジョイントの原点を追加したものを使
用してください（**図04-12**）。

**図 04-12**　アルミフレームと４角ナットを配置

アルミフレームを固定します（**図 04-13**）。==基準となるコンポーネントを固定しないと、ジョイントを設定した際に、意図しない向きに変化することがあります。==

**図 04-13**　アルミフレームを固定する

ツールバーの「アセンブリ」から「ジョイント」を選択します。「ジョイント」ウィンドウにて、「コンポーネント１」に、**図 04-14** のように４角ナットの穴の中心を設定します。

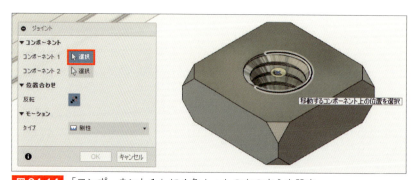

**図 04-14**　「コンポーネント１」に４角ナットの穴の中心を設定

続いて、アルミフレームに設定してあるジョイントの原点を２つ目のジョイントに指定します（**図 04-15**）。

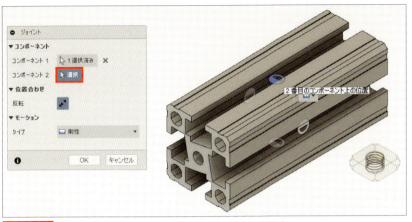

**図 04-15** 「コンポーネント2」にジョイントの原点を設定

　ナットがアルミフレームのレールに収まらず、はみ出してジョイントしてしまった場合、P.266にて設定したジョイントの原点のオフセット値が間違っていないか、ないし、「ジョイント」ウィンドウの「コンポーネント1」で設定した4角ナットの位置が間違っていないか、確認してください。

　「モーション」の「タイプ」に「スライダ」を選択します。<mark>「スライダ」タイプのジョイントは固定ではなく、文字どおりスライドします</mark>。スライドする方向が正しいか確認します。
　「アニメーション」の再生ボタンをクリックすると、スライドの方向を確認できます。正しくない場合、「軸」をクリックして軸を選択し、アニメーションの隣の ▶ をクリックして再度確認します。設定が完了したら、「OK」をクリックします（**図 04-16**）。

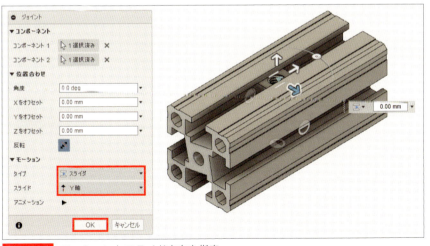

**図 04-16** モーションとスライド方向を指定

ジョイントされた４角ナットは、マウスでドラッグして動かすことができます（**図 04-17**）。
ドラッグして動かないときは、スライダグリフをダブルクリックして、操作ハンドルを表示させ、
操作ハンドルをドラッグしましょう。

**図 04-17**　４角ナットをマウスでドラッグする

ジョイントが設定できることが確認できたので、ファイルを上書き保存して終了です。

# SECTION 05 アルミフレームの 固定コンポーネントのモデリング

よく見かける形状のコンポーネントでも、Fusion 360 でモデリングする際、どうやってモデリングするか悩むと思います。頭の中で、モデリングできると判断するだけなく、実際にモデリングしてみることは大切です。

## ▶ L 字金具プレートのスケッチ

「YSB-5454-4」という名前の新しいデザインファイルを作成します。

原点と基準軸を表示し、基準平面は非表示にします。

「スケッチ」から、「スケッチを作成」を選択します。スケッチ平面に「XZ」を選択します。

図 05-01 のようにスケッチします。ミラーで複写するので、対象形状は半分だけ描きます。

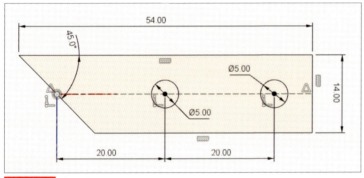

**図 05-01** 描いたスケッチ

1 点注意したい点があります。図 05-01 では左上の角に 45°の角度が指定されています。これを指定するには、ツールバーの「スケッチ」から「スケッチ寸法」を選択し、角を形成するいずれかの線をクリックして選択します。続いて、もういっぽうの線をクリックします。そのまま、角の内側にドラッグすると、角度の入力ボックスが表示されるので、指定したい角度を入力します（**図 05-02**）。

**図 05-02** スケッチ上で角度を指定

## ▶ フィレット

ツールバーの「作成」から「押し出し」を選択し、**表05-01** のようにパラメータを指定します。

| 項目 | 値 |
|---|---|
| 方向 | 対称 |
| 計測 | 全体の長さ |
| 距離 | 3.2 |

**表 05-01** 「押し出し」ウィンドウのパラメータ

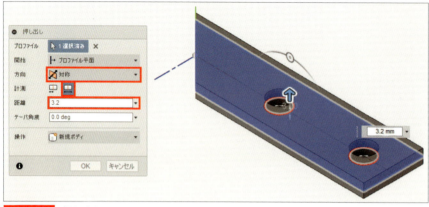

**図 05-03** 押し出し

「修正」から「フィレット」を選択して、フィレットを追加します。

フィレット（fillet）は、角に丸みを付ける処理のことです。なお、平面で削るのが面取りになります。**図 05-04** のように、「半径」を「1」に設定したフィレットを 2 か所追加します。

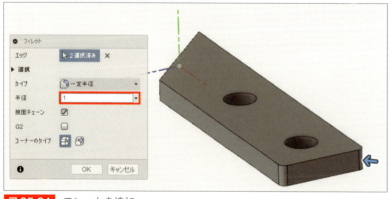

**図 05-04** フレットを追加

「作成」から「ミラー」を選択します。「パターンタイプ」に「ボディ」を❶、「オブジェクト」に作成したボディを❷、「対象面」にボディの斜めの面を❸、それぞれ選択します（**図 05-05**）。

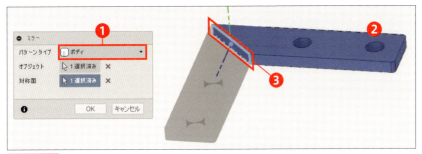

**図 05-05** 「ミラー」ウィンドウでの設定

　ブラウザで確認すると、ボディがミラー機能によって複製され、2つになったことが確認できます（**図 05-06**）。

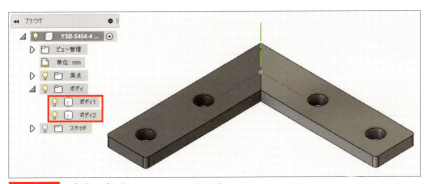

**図 05-06** ボディが複製され、2つになった

　2つのボディが接している角にフィレットを追加しようと思います。しかしながら、<mark>複数のボディをまたいで、フィレットを作成することはできません</mark>。そこで、フィレットを追加する前に、「修正」から「結合」を選択します。「結合」ウィンドウが開いたら、ブラウザ上で2つのボディを Ctrl キーを押しながら選択し、「OK」をクリックすると、2つのボディが結合します（**図 05-07**）。

**図 05-07** ミラーで複写したボディを結合

　結合できたら、「修正」から「フィレット」を選択し、**図 05-08** のように「半径」を「3」に設定したフィレットを2か所追加します。

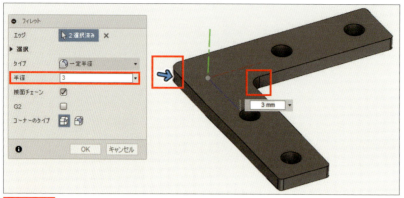

**図 05-08** フィレットを追加

「修正」から「物理マテリアル」を選択し、「ライブラリ」の「メタル」から「鋼、クロムめっき」をブラウザのボディにドラッグ＆ドロップし、完成です（**図 05-09**）。

原点を非表示にして、上書き保存しておきます。

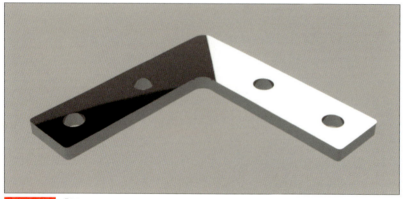

**図 05-09** 「鋼、クロムめっき」を設定したあとのレンダリング画像

# 06 アセンブリ

最初に作成したアルミフレームを2個とSec.05で作成した、L字金具を使って、アセンブリしてみましょう。アセンブリに必要なボルトは付属のDVD-ROMに用意してあります。

## ● アルミフレームのジョイント

すでに作成済みのアルミフレームのデザインを開きます。ただし、Sec.02（P.250）で作成したアルミフレームには履歴が表示されません。Sec.03（P.258）で作成したアルミフレームを使用してください。

履歴から、押し出しの長さを変更し、100mmの長さのアルミフレームを作成し（**図 06-01**）、「yf2020_100mm」という別名を付けて保存します。

**図 06-01** 100mm の長さのアルミフレーム

データパネルのアップロードボタンをクリックし、書籍に付属のDVD-ROMから、アプセットボルトのデータ「6角穴付きボルト_M4-10_締付.f3z」をアップロードしてください。

アセンブリに使用されているコンポーネントも一緒にアップロードされますが、ボルトとワッシャがアセンブリされているモデルを使用します（**図 06-02**）。

**図 06-02** アプセットボルトをデータパネルに追加

「アルミフレームの組立」という名前で、新しいデザインファイルを作成します。

100mm の長さのアルミフレームのデザインを 2 つ追加し、P.75 を参照してどちらかのデザインを固定します（**図 06-03**）。

「アセンブリ」から「ジョイント」を選択します。2 つのコンポーネントに、それぞれ**図 06-04** と**図 06-05** のように、ジョイントの原点を指定し、「タイプ」を「剛性」でジョイントを設定します。

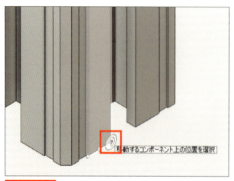

図 06-04　いっぽうのアルミフレームにジョイントの原点を設定

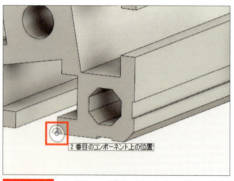

図 06-05　もういっぽうのアルミフレームにジョイントの原点を設定

ジョイントが設定できました（**図 06-06**）。

4 角ナットのジョイントの設定方法は、Sec.04（P.263）で説明しています。ここでは 4 角ナットを 4 つ追加し、スライド・ジョイントを追加します。スライドする方向は、アニメーションで確認して設定しましょう（**図 06-07**）。また、ナットがアルミフレームの外にはみ出してしまった場合、「ジョイント」ウィンドウにて「反転」をクリックしてください。

図 06-06　2 つのアルミフレームにジョイントを設定

さらに、アルミフレームには 4 面それぞれにジョイントの原点を設定していますので、まちがったジョイントの原点を利用しないよう、不必要なジョイントの原点はブラウザから非表示にしておきましょう。

ここでは、アルミフレームに設定し
たジョイントの原点の中で、同じジョ
イントの原点を2度利用します。つ
まり、4つの4角ナットに対して、
アルミフレーム側のジョイントの原点
は2点だけ使います。

図06-07　4角ナットを追加しジョイントを設定

ジョイントの原点は一度ジョイントに使用しても、同じジョイントの
原点を複数回利用することができます。ただし、==ジョイントの原点は、==
==一度使用すると非表示になってしまいます==（図06-08）。そのため、
同じジョイントの原点を連続して使用する際には、ブラウザで表示に設
定します。

なお、ここで表示するジョイントはさきほど追加した「yf2020_100mm」
という別名を付けたアルミフレームのコンポーネントの中にあるので、
ブラウザ上で表示させるジョイントの位置に注意してください。

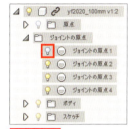

図06-08
ジョイントの原点は、一度
使用すると非表示になる

必要な4角ナットを設定し終えたら、ジョイントの原点は非表示にしておきます。

## ▶ L字金具プレートの追加

L字金具プレート「YSB-5454-4」を追加し、
重ならないように配置します（図06-09）。

L字金具プレートと4角ナットとの間に剛性
ジョイントを追加します。ここでの作業は、同
じ種類のコンポーネントを複数利用しているの
で、ジョイントに利用するコンポーネントが判
別できなくなってしまいがちです。そのため、
ブラウザの表示・非表示を上手に利用して、
ジョイントに利用するコンポーネント以外を非
表示するなど工夫してください。

図06-09　L字金具プレートを配置

4角ナットはアルミフレームの内側にあるので、Z軸方向にオフセットしないと、ジョイントし
たとたん、L字金具がアルミフレームの内側に入り込むという不自然な状態になります。

まずは、ツールバーの「検査」から「計測」を選択して、4角ナットがアルミフレームの内側に入り込んだ長さを計測します（**図06-10**）。計測すると、1.5mmとわかります。

では、実際にジョイントを設定します。

ツールバーからジョイントを選択し、ジョイントの原点を、4角ナット（**図06-11**）とL字金具プレート（**図06-12**）に、それぞれ指定します。

**図06-10** 該当部位の距離を測定

**図06-11** ジョイントの原点を指定

**図06-12** ジョイントの原点を指定

「ジョイント」ウィンドウにて、さきほど測定した距離を「位置合わせ」の「Zをオフセット」に設定し、「タイプ」を「剛性」に指定して、ジョイントを設定します（**図06-13**）。

アセンブリを設定する際のオフセットの方向は、さまざまに変化して一定ではありません。オフセットの座標軸、つまり、X、Y、Z軸、そして、それぞれの向きが自由気ままに入れ替わります。そのため、操作ハンドルの矢印をドラッグして移動させて、変化する入力ボックスと方向を確認して入力します。「Zをオフセット」に入力する値は1.5㎜ですが、**図06-13**のように、「-1.5」と負の値を入力する場合もあります。

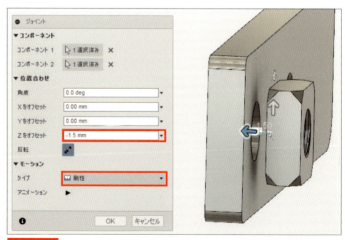

**図06-13** オフセットを追加した

ジョイントを設定したならば、ブラウザの電球アイコンの消灯・点灯を上手に利用して、アルミフレームを非表示しＬ字金具プレートとナットだけを表示させて、**図06-14** のような位置関係になっているかチェックします。**図06-14** のようになっていない場合、履歴から「ジョイント」のアイコンをダブルクリックして、「ジョイント」ウィンドウの「Ｚをオフセット」に入力した値を確認しておきましょう（**図06-14**）。

**図06-14**　Ｌ字金具プレートとナットの位置関係を確認

　４つの４角ナットとそれに対応してＬ字プレートの穴４つに剛性ジョイントを設定します。３つのジョイントを設定した時点で、位置が確定します（**図06-15**）。

**図06-15**　４つのジョイントを設定

　正しくジョイントが設定できたならば、ブラウザからジョイントは非表示にしておきましょう。

## ▶ 断面解析

　意図どおり、ジョイントが設定できているか確認しましょう。ツールバーの「検査」から「断面解析」を選択します。
「断面解析」のウィンドウが開くので、確認したい断面と平行な面を選択します。ブラウザの「原点」の項目から選択すると便利です。ここでは YZ 平面を選択しました（**図06-16**）。

**図06-16**　断面の基準面を選択

Chapter **8**
アルミフレームのモデリング

すると、クリーム色の断面が表示されるので、矢印ハンドルを改正したい断面までドラッグします。ジョイントを設定したブラケットと4角ナットの断面が確認できる位置までドラッグします（**図06-17**）。

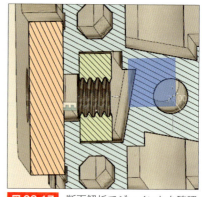

**図06-17** 断面解析でジョイントを確認

位置を確認して問題ないならば、「断面解析」ウィンドウの「キャンセル」をクリックしてもかまいません。「OK」をクリックすると、ブラウザに「解析」の項目が表示されます（**図06-18**）。電球アイコンをクリックし、「解析」の表示・非表示を指定できます。

**図06-18** ブラウザの解析の項目

## ▶ ボルトを追加

アプセットボルトのコンポーネントを追加します。重ならないように配置します（**図06-19**）。

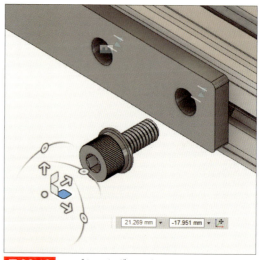

**図06-19** アプセットボルトを配置

剛性ジョイントを追加します。最初に、L字金具プレート側にジョイントの原点を設定します（**図06-20**）。

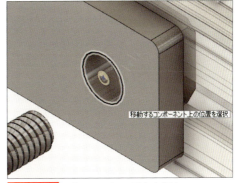

**図06-20** ジョイントの原点を指定

次に、平ワッシャの内側の穴の外側の稜線の上に、カーソルを重ねて表示されるジョイントの原点を指定します（**図06-21**）。

**図06-21** ジョイントの原点を指定

L字金具のジョイントの際に使用した、「Zをオフセット」の値がそのままになっている場合、「0」に変更して「OK」をクリックします。4ヶ所すべてに追加します（**図06-22**）。

ジョイントを非表示にして、完成です（**図06-23**）。

**図06-22** 4か所にジョイントを追加

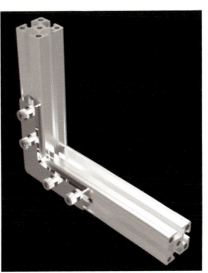

**図06-23** レンダリングした画像

# Windows 10にFusion 360をインストールする方法

**1** 以下の URL にアクセスして「無料体験版ダウンロード」をクリックしダウンロードします。

https://www.autodesk.co.jp/products/fusion-360/overview

**2** E メールアドレスを入力し❶、個人情報保護方針に同意するにチェックを入れ❷、「無料体験版をダウンロード」をクリックします❸。

**3** ファイルをご自身のパソコンにダウンロードします。ダウンロードしたファイルをダブルクリックすると、インストールがはじまります。

**4** インストール終了後、Fusion 360 が起動し、サインイン画面になります。Autodesk アカウントを持っていない場合、「アカウントを作成」をクリックしてください。アカウントを持っている場合は、メールアドレスを入力し「次へ」をクリックしてください。

**5** アカウントを持っていない
場合、アカウントを作成しロ
グインしてください。

**6** 最後に、パスワードを入力し
ます。

**7** すると、Fuion 360 が起動
します。

# Windows 10でFusion 360をクリーンアンインストールする方法

Fusion 360 の挙動がおかしいとき、クリーンアンインストールを実行したのち、再度、インストールすると正常に動作するようになるときがあります。

以下に手動で、クリーンアンインストールする方法を紹介している URL を挙げます。

Autodesk Fusion 360 のクリーン アンインストールを手動で実行する方法

https://knowledge.autodesk.com/ja/support/fusion-360/troubleshooting/caas/sfdcarticles/sfdcarticles/JPN/How-to-do-a-clean-uninstall-of-Autodesk-Fusion-360.html

なお、Autodesk から、クリーンアンインストールツールが提供されているので、それを使用すると作業が自動化できます。以下にクリーンアンインストールツールの使い方を解説します。

「Windows」と「Mac OS」で用意されているツールが異なるので、利用する OS に合わせてツールをダウンロードしてください。

| 1 | Fusion 360 の自動クリーンアンインストールツールをダウンロードします。<br>下記の URL にアクセスして、「Windows」をクリックし、ファイルをダウンロードします。 |

▲クリーンアンインストールをダウンロードするサイト

https://knowledge.autodesk.com/ja/support/fusion-360/learn-explore/caas/sfdcarticles/sfdcarticles/JPN/How-to-do-an-automatic-Clean-Uninstall-for-Autodesk-Fusion-360.html

| 2 | 一度 Windows を再起動させます。再起動後、Fusion 360 を起動させないでください。<br>ダウンロードしたファイルを解凍します。 |

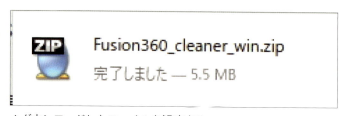

▲ダウンロードしたファイルを解凍する

**3** その中の「Fusion360 cleaner.exe」を実行します。

▲ 「Fusion360 cleaner.exe」を実行

**4** ダイアログが表示されるので、「Yes」をクリックします。

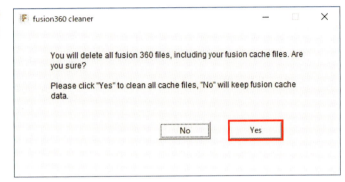

▲ Yes をクリック

**5** 途中、応答なしになりますが、そのまま待ちます。

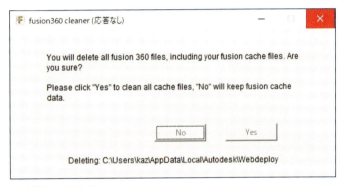

▲応答なしになる

**6** この画面が表示されたならば、完了です。右上の×アイコンをクリックして終了します。

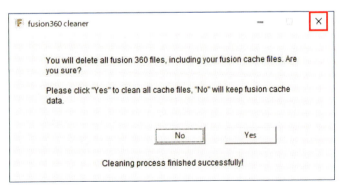

▲作業完了

# 索引

**著者略歴**

# 堀尾和彦

愛知県出身、kukkeko のハンドル名で、インターネット上で情報発信をしている。

# 作って覚える
# Fusion 360の
# 一番わかりやすい本

2017 年 12 月 11 日　初版　第 1 刷発行
2020 年 11 月 13 日　初版　第 2 刷発行

著者●堀尾和彦

発行者●片岡　巌

発行所●株式会社 技術評論社

　　　　東京都新宿区市谷左内町21-13

　　　　電話　03-3513-6150　販売促進部

　　　　　　　03-3513-6160　書籍編集部

装丁●ライラック

本文デザイン●ライラック

DTP●はんぺんデザイン

編集●土井清志(技術評論社)

製本/印刷●株式会社加藤文明社

## お問い合わせについて

本書に関するご質問については、本書に記載されている内容に関するもののみとさせていただきます。本書の内容と関係のないご質問につきましては、一切お答えできませんので、あらかじめご了承ください。
また、電話でのご質問は受け付けておりませんので、必ずFAX か書面にて下記までお送りください。
なお、ご質問の際には、必ず以下の項目を明記していただきますよう、お願いいたします。

1 お名前
2 返信先の住所または FAX 番号
3 書名 (作って覚える　Fusion 360 の一番わかりやすい本)
4 本書の該当ページ
5 ご使用の OS
6 ご質問内容

なお、お送りいただいたご質問には、できる限り迅速にお答えできるよう努力いたしておりますが、場合によってはお答えするまでに時間がかかることがあります。
また、回答の期日をご指定なさっても、ご希望にお応えできるとは限りません。あらかじめご了承くださいますよう、お願いいたします。

## 問い合わせ先

〒 162-0846
東京都新宿区市谷左内町 21-13
株式会社技術評論社　書籍編集部
「作って覚える　Fusion 360 の一番わかりやすい本」質問係

FAX 番号　03-3513-6167
URL：http://book.gihyo.jp

※ご質問の際に記載いただきました個人情報は、回答後速やかに破棄させていただきます。